自 然 文 库
N a t u r e
S e r i e s

A Natural History of Ferns

蕨类植物的秘密生活

A NATURAL HISTORY OF FERNS

〔美〕
罗宾·C.莫兰
著

武玉东
蒋 蕾
译

商务印书馆
The Commercial Press

献给李（Lee）和奇里（Girri）

目 录

序

　　维特根斯坦（Wittgenstein）曾经说过：一本书应该包含许多范例。罗宾·莫兰笔下的《蕨类植物的秘密生活》就是这样的一本书，它由33篇既可爱又富有知识性的短文组成。罗宾是不可多得的"宝藏"，他既是世界级的蕨类植物专家、纽约植物园的园长，同时也是一位令人着迷的作家。这本书的很多篇章都是全新的，有一些则是由《拳卷叶论坛》（*Fiddlehead Forum*）中的文章延展、更新而来的。《拳卷叶论坛》是美国蕨类植物学会为蕨类植物爱好者和业余研究者创办的杂志，它并非为了满足专业的植物学家及学子，而是为了更广泛的读者群体而设计的，因此更具可读性。《拳卷叶论坛》的读者们从来不知道罗宾·莫兰的下一篇文章会写些什么——他这个月写神话题材的文章"斯基泰人的羔羊"，而到了下个月则是关于拳卷叶的对数螺线的文章——但是读者们总是可以肯定的是，有一场关于蕨类植物的华丽冒险即将开始，它既饱含学术味道，又拥有令人陶醉的自然美感和舒适感。罗宾几乎对所有的事情都感兴趣（可不仅仅是蕨类植物！），而且他能够让任何主题都显得引人入胜——这是他和已故的史蒂芬·杰·古尔德（Stephen Jay Gould）共有的天赋。

你可以从本书的任何章节开始看，这里的每一篇文章都是独立且自成一体的。但是，它们之间又有着许多的内在联系，且都源于六个主题：蕨类植物的生活史、分类、特殊的适应性、地理学和生态学、超过3亿年的历史，以及非常重要的一部分——蕨类植物的用途和在人类社会中所扮演的角色。《蕨类植物的秘密生活》让整个蕨类植物的生命史变得鲜活起来，展现了它们的魅力、美感和在这个世界所拥有的地位，这不是一本教科书或是系统性研究的作品所能做到的。

在这本书里，我们可以跟随罗宾游历各地：玻利维亚的拉巴斯（La Paz）、委内瑞拉的桌山区、哥斯达黎加（他每年夏天都在这里展开教学和野外考察工作）、中国台湾（他发现一个老太太在挖瓶尔小草泡茶喝）和位于日德兰半岛（Jutland）的卡加德湖（Lake Kalgaard）——他在这里搜寻生于泥中的水韭，这是一类非常有趣的"活化石"，它们和生于石炭纪的高大树木是近亲（它们和这些树木一样，也有通过根来呼吸的能力）。

在旅行中，我们还可以"穿越时空"。那些描写高大树木——石松类植物——的篇章不仅让人啧啧称奇，还能让读者鲜明地感觉仿佛同它们站在一起，就站在一大片成煤沼泽之中。当旅行到了二叠纪时，我们会发现气候渐渐变干，繁茂的石炭纪植物正在衰灭；到了中生代，出现了"蕨类植物大草原"和疏林，地上遍布着双扇蕨和罗伞蕨——这些蕨类植物在有花植物和高大树木兴起后几近灭绝，矗立着的高大的树木，它们的影子遮蔽了地面。到了中生代末期白垩纪，我们会看到演化出了水龙骨型蕨类植物，它们"等同于"三叠纪后出现的哺乳动物。旅程的最后，我们会看到著名的"蕨类植物高峰"，这是大约6500万年前的生物大灭绝之后，蕨类植物再度于地球上兴起。

《蕨类植物的秘密生活》中所洋溢着的热忱和蕴含着的深邃知识，都源于作者一生的野外工作和研究工作，就像是 E. O. 威尔逊（E. O. Wilson）所说的动植物"对生命的感知"，即人类亲近大自然的天性。DNA 分析让新物种的分类能够更加彻底、更详尽，罗宾写道："没有什么比当一个分类学家更令人激动的了。"

我们都认为蕨类植物是一类优雅的植物，它们有着舒展的叶片，谦逊且不引人注目，它们有着一个生长过程中不为人所熟悉的隐匿世代，即如同地钱一般的小配子体。《蕨类植物的秘密生活》的魅力之一，便是对不起眼的小小配子体的尊重。罗宾·莫兰为之着迷，将一类膜蕨——鬃蕨属——的独立生活的配子体比作"绿色钢丝绒小垫子"，并将阿巴拉契亚鬃蕨的配子体比作"细小的碎生菜"。

未经训练的眼睛是看不到这些配子体的，而罗宾描述了他还是学生的时候，花了整整两年来寻找一个据说生长着很多这样的配子体的地方，但是他从来没有看到一个个体。最终，在回到图书馆进行研究和对标本馆的标本进行考察后，他带着更加敏锐的双眼再次回到野外，没想到竟然在曾细细查看过的地方发现了成百上千的这样的配子体。《蕨类植物的秘密生活》一书满是这样可爱而真诚的叙述，比如最初没有认出来的蕨类植物、未被理解或被误解的原理，然而对于一个学者来说，正是这些错误的认识和理解在激励他们不断地研究和学习。观察结果或者经验总是先一步到来：奇怪的代赭石（一种含铁的土）围绕在水蕨的根部周围；或是水龙骨状百生蕨在干旱的时候，会让叶子卷起或者枯萎，直至下一场雨来临才会复苏；再或是，树蕨难以置信地坚韧，它们的树干极耐腐蚀，还可能会让链锯损坏——诸如此类的经验激励着也迷惑着研究者，需要不断地研究、实验、调查、究其原委。

　　如此，这里的每个章节都是一次精神探索之旅，这本书不限于描述的层次，无论是热情洋溢、细致入微或是令人惊愕的描述，它更接近博物学的本质，也就是探寻模式、机理和深层次的理解。《蕨类植物的秘密生活》不仅代表了其所能达到的最高的科学写作水平，而且还是一次和世界上最有分量的植物学家们一起进行的奇妙冒险；对于任何一个蕨类植物爱好者来说，它就像一个令你欢欣鼓舞、为之着迷的伙伴。

奥利弗·萨克斯（Oliver Sacks）

奥利弗·萨克斯是《睡人》《错把妻子当帽子》和《瓦哈卡日志》的作者。

前言

　　首先，我要稍微表达一下歉意：这本书的题目并不完全准确。尽管这是一本关于蕨类植物的书，但其实还囊括了石松类植物，它们是一类维管束植物，和蕨类植物相似，拥有维管组织，并且通过散播孢子来繁衍生息。石松类植物包括石松（石松、石杉、小石松和石葱）、卷柏和水韭。因为蕨类植物和石松类植物同样依靠散播孢子来繁殖，而且在生活史等方面有一些相似之处，它们常常被归为不同于种子植物（裸子植物和被子植物）的一类广义蕨类植物。我想用更专业的标题，但有多少人愿意来购买一本《广义蕨类植物博物学》呢？

　　这并非一本用来辨识蕨类和石松类植物的野外手册（很容易买到）。反之，此书剔除了野外识别手册的内容，保留了关于蕨类植物的生物学内容，也就是它们是如何生长发育、如何繁殖散播和如何适应环境不断演化的内容。带你一览蕨类和石松类植物的野外生活，看它们是如何与环境相互影响，通过化石记录来讲述它们的过往，以及它们是如何影响着人们生活的。

　　我希望这本书能让蕨类植物专家和普通读者都感兴趣。这本书涵盖了大量难以获得的、分散于各处的信息（即便对专家来说也是如此）。

如果你学习过基础的生物学知识，你就可以快速地理解这本书的内容；如果没有上述基础，文中不被大家所熟悉的名词和术语，在文中第一次出现的时候会给出定义，此外你还可以通过书末的术语表来了解它们。

　　这本书的大多数内容源自于美国蕨类植物学会的杂志《拳卷叶论坛》，其中一篇（第13篇）发表于英国蕨类植物学会的简报《蕨类植物学家》（*Pteridologist*）中。每篇的内容都根据新近的新闻和研究进行了更新和改进，并且被重新修订，有的则是扩充了原有的内容，使之与其他篇成为一体。

致谢

　　能够完成这样的一本书，其实仰仗于许多人的帮助。如果只有我一个人，这本书的内容肯定会大打折扣。我要感谢《拳卷叶论坛》的编辑约翰·迈克尔、卡罗尔·迈克尔和辛迪·约翰逊-格罗，他们帮助我修订和编辑了最初的稿件。我也很感激奥利弗·萨克斯和肯尼斯·R.威尔逊的鼓励，让我扩展内容增加章节使之成为一本新书。

　　这本书非常依赖插图来辅助说明，我很感谢为此书精心准备了许多图画的春人·M.福田。所有未标明来源的图画皆出自于他之手。

　　来自世界各地的许多朋友，都慷慨无私地与我分享了许多关于蕨类植物的知识，并且帮我审阅书中的内容。我由衷地感谢他们的共同努力和无私帮助：布拉德·波义耳（热带生态学）、吉莉安·古柏-德赖弗（蕨属，蕨类植物化学）、彼得·克兰（古植物学）、约瑟夫·厄尔（蘋属，硫胺素酶）、约瑟夫·尤恩（植物学史）、唐纳德·法勒（独立的配子体）、埃尔斯·玛丽·弗里斯（古植物学）、路易斯·戈麦斯（蕨类和石松类植物）、朱迪·加里森·汉克斯（孢子）、吉姆·哈比森（薄膜干涉）、辛迪·约翰逊-格罗（蕨类和石松类植物）、保罗·肯里克（古植物学）、约翰娜·H. A.范科尼嫩堡-范西特（双扇蕨科和罗伞蕨科化石）、郭城孟（中国台湾蕨类植物）、托马斯·拉默斯（岛屿生物地理，胡安·费尔南德斯群岛）、大卫·李（彩虹蕨）、大卫·莱林格（蕨类和石松类植物）、卡罗尔·麦克尔（帮助编辑）、约翰·麦克尔（蕨类和石松类植物）、约翰·米尔本（孢子囊开裂；气穴现象）、奇里·莫兰（帮助编辑）、斯科特·莫里（热带生物学）、迈克尔·尼（种子植物）、本杰明·奥尔嘉（蕨类和石松类植物，特别是石松科）、詹姆斯·佩克（蕨类植物生态学）、汤姆·兰克（杂交和多倍化）、埃里卡·罗尔巴赫（帮助编辑）、彼得·鲁姆（人厌槐叶蘋，生物防治）、奥利弗·萨克斯（苏铁和蕨类植物，植物学史）、朱迪思·斯科格（古植物学）、艾伦·史密斯（蕨类植物系统学，生物地理学）、伊丽莎白·索科洛（蕨类植物，莎士比亚）、布莱恩·苏乐（水韭属，从生理生态学角度）、丹尼斯·史蒂文森（蕨类和石松类植物系统学）、托德·斯图西（岛屿生物地理，胡安·费尔南德斯群岛）、迈克尔·桑德（蕨类植物分类学）、W. 卡尔·泰勒（水韭属）、巴里·托马斯（古植物学）、汉纳·托米斯特（热带蕨类植物生态学）、弗洛伦斯·瓦格纳（蕨类和石松类植物）、沃伦·H. 小瓦格纳（蕨类和石松类植物）、保罗·沃尔夫（蕨类植物分子系统学）、乔治·耶茨基耶维奇（蕨类和石松类植物）。

我特别感谢 Timber 出版社，他们在出版过程中自始至终的努力，让这本书变得更好。最后，我要感谢美国蕨类植物学会纽约分会的成员。从十月到次年五月，纽约分会每月都会在纽约植物园举办会议，让我能够有机会提出想法，并且不断地打磨这些想法。会员们对蕨类植物，乃至对所有植物的热情和乐于倾听对我着实有着很大的帮助。

第 一 章

蕨类植物的
生活史

1. 寻找蕨类植物的种子

　　莎士比亚的《亨利四世》中有这样一个场景：福斯塔夫、哈尔王子和波因斯三人计划着，临近清晨天色未明之时，在一位商人去往伦敦的路上打劫他。因为打劫还需要些帮手，福斯塔夫的心腹试图劝说另外一个小偷加入进来。心腹对小偷说："我们的计划万无一失；我们有蕨类种子的秘方，可以隐身行动。"小偷回应道："不，说实话，我觉得你们最好把握住夜晚的时机，而不是寄希望于可以让你们隐身的蕨类种子。"（第二场，第一幕，95～98行）

　　他们所说的"蕨类种子"是什么意思？任何学过植物学的人都知道，蕨类植物没有种子，而是依靠如尘土一般的孢子进行散播繁衍。难道说莎士比亚时代的人们相信蕨类植物是有种子的？那么，他们所说的"隐身"又是怎么回事呢？

　　1597年，在《亨利四世》完成并第一次上演的年代，蕨类植物拥有种子的观念十分普遍。可以肯定的是，虽然谁都没见过蕨类植物的种子，但是蕨类植物——乃至任何一种植物——没有种子该如何繁殖呢？因此，当时合理的推论是：蕨类植物肯定有种子！1694年，法国著名的植物学家约瑟夫·皮顿·德·图尔纳弗（Joseph Pitton de

Tournefort）如是写道："人们相信所有的植物都有种子，是基于非常合理的猜想而得到的论断。"

但是，有时候猜想和事实相差甚远。例如，早期的草药学家们宣称，蕨类植物的种子肯定是肉眼无法看见的，原因是从来没人见过。更荒唐的是，他们认为这些种子可以赋予持有者隐形的能力，也就是说，如果你手里握着蕨类种子，那就可以隐身走动。他们还确信，蕨类种子只有在仲夏夜的午夜（6月23日）才能被收集起来，只有在这个特定的时刻（一年当中夜晚最短暂的时候），蕨类种子才会从植株上落下。此时，你可以用一叠十二个锡盘放在蕨叶下面来接住这些种子，它们会穿过前面的十一个盘子，直到被第十二个盘子接住。如果你最终手中空无一物，一定是那些一年中只能在仲夏夜四处闲游的小妖精和仙女们在捉弄你，在种子落下来的时候把它抢走了。如同莎士比亚《仲夏夜之梦》里的一样，植物化成普茨克、奥伯朗和其他一些仙女。

当然不是每个人都会相信"隐形"的故事，但是人们还是相信蕨类植物是有种子的。唯一的问题在于，所谓的蕨类"种子"到底是什么？早期的植物学家们给出了这样的猜想：种子是从蕨类植物叶背面的深色斑点或条纹（即孢子囊群）中散发出的粉末（图2及彩图19）。还有一些植物学家认为，这些粉末不是种子，而是一些类似于花粉的东西，可以使植株某处的雌性器官受粉。

意大利解剖学家马尔切洛·马尔皮吉（Marcello Malpighi），是第一个以科学的方法来研究这些蕨类植物粉末的人。17世纪早期，马尔皮吉开始用显微镜来观察蕨类植物叶背上的那些奇怪的深色斑点和条纹。他观察发现这些斑点和条纹是由许许多多的"小球"（孢子囊）构成的，每一个小球都由粗厚的分段条带（环带）环绕着（图1）。而在小球里的正是那些粉末，一些看起来像球形或者豆状的小东西。他还注意到，这些粉末会被环带以一种类似于弹弓发射的方式从小球里甩出去。在将近半个世纪之后，马尔皮吉的观察结果被英国显微学家尼希米·格鲁（Nehemiah Grew）所证实并进一步阐释。但是，两人的观察结果都没能够解决这些粉末是否等同于花粉或者种子的这个问题。

甚至连伟大的瑞典植物学家卡尔·林奈（Carl Linnaeus）都困惑于这些蕨类粉末的本质。1737年，林奈在给瑞士植物学家阿尔布雷克希特·冯·哈勒（Albrecht von Haller）的信中写道："这些粉末在显微镜下的确和其他植物的花粉很相似。"但是一个月后，他又说："（我）对这类不完全的植物（苔藓植物和蕨类植物）一无所知，而且（我）必须承认，对于所看见的粉末究竟是种子还是类似花粉的东西是一无所知的。"然而到了1751年，他改变了他的观点，声称这些粉末是蕨类植物

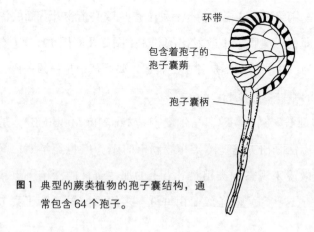

环带
包含着孢子的
孢子囊蒴
孢子囊柄

图1 典型的蕨类植物的孢子囊结构，通
常包含64个孢子。

　　　　　　　　　　　蕨类植物的秘密生活

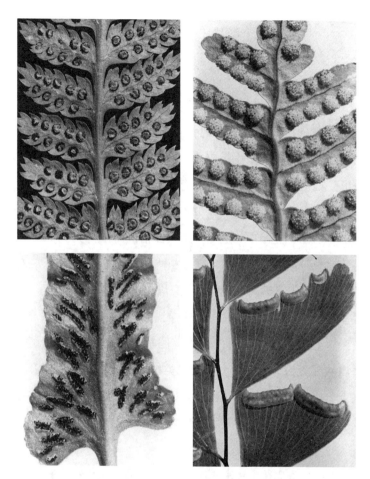

图 2 蕨类植物的孢子囊群。左上，刺叶鳞毛蕨（*Dryopteris carthusiana*），每个孢子囊群被薄薄的囊群盖所覆盖，这些囊群盖可以保护其下的孢子囊。右上，东北多足蕨（*Polypodium virginianum*），这些孢子囊群缺少保护性的遮盖或囊群盖。左下，北美过山蕨（*Asplenium rhizophyllum*），孢子囊群随着叶脉延长；薄薄的膜质囊群盖逐渐收缩，被发育着的孢子囊群挤到了一旁。右下，掌叶铁线蕨（*Adiantum pedatum*），它的囊群盖由叶片边缘形成，即假囊群盖。图片来自：Charles Neidorf。

真正的种子。虽然他的观点前后不一，但是有一件事林奈是肯定的：蕨类植物肯定有种子。

这种不确定的观念一直持续到 1794 年，英国外科医生约翰·林赛（John Lindsay）在那一年证明了蕨类植物是由这些粉末繁殖出来的。驻扎在牙买加的时候，林赛发现，在雨后有成百上千的幼小的蕨类植物，从新暴露出的土壤中生长出来。于是他开始在显微镜下检查土壤，以期找出蕨类植物的种子，可惜未能成功。不过他毫不气馁，决定把这些粉末播种出去。（由于某些未知的原因，蕨类植物配子体会大量聚集于新鲜的、裸露的土壤中，这通常距其散播的时间不到三年。当然，因为没有其他植被的阻碍，新生的蕨类植物的配子体更容易在暴露的土壤上被发现。虽然土壤远离其他的植被，尤其是苔藓和禾草，但是久而久之，这些配子体会越来越少。在野外寻找蕨类植物的配子体，要沿着路边新露出的土壤，还有倾斜的树基部、路边和滑坡处去寻找。）

林赛从几处像杂草一样丛生的蕨类植物周围收集了一些粉末，并将其撒入带土的花盆中。他将花盆放在屋内窗旁，天天浇水，每一两天就用显微镜检查部分土壤。林赛（1794 年）如是描述道：

> 我平时总是很容易地就可以分清泥土中的尘埃和种子，但是一直没发现什么，直到播后的第 12 天，发现了许多小小的种子，如小图 6 中所示（图 3），呈绿色，有些从小小的颗粒从里面排出来，就像一些小瘤子，它们就是小图 8 所示的新生蕨类植物的雏形。这些小瘤子逐渐变大，在小图 9～11 中可以看到它在不断变化。它有了根，幼体生根处的小种子仍然清晰可见。在显微镜

　　　　　　　　　　　　　蕨类植物的秘密生活

下这些幼年的蕨类植物已经很明显了，但是肉眼看过去，除了土壤表面的一层绿色以外，什么也看不出来，就好像被一层非常矮小的苔藓覆盖住了：这么多的幼苗来自于大量种子的播种。几周后，这层"苔藓"开始变得肉眼可见，就像一些小鳞片，见小图13，并且逐渐增大，见小图14：它们渐渐变圆，像是有两裂叶片，但是有时又很不规则；它们有些膜质化，就像某些小地衣或是地钱一样，这让它们很容易被认错，此时为深绿色。最后，这层薄膜长出了一片颜色和外形都不一样的小叶子，见小图15，随

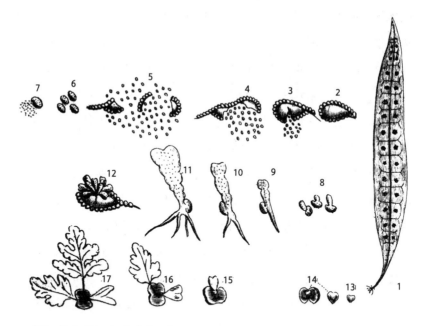

图3 林赛1794年文章中的插图，描绘了一个孢子发育成一株成熟的蕨类植物的过程，广泛分布于热带美洲的毛里求斯小蛇蕨（*Microgramma lycopodioides*，*Microgramma mauritiana* 的异名）。左下的三张叶片图（15～17）来自另外的一种蕨类植物，具体不详。

即又长出了其他的叶子，和之前的完全不同，见小图 16。现在，每片后来生出的叶子长成最终的尺寸大小时，都要比先前的叶片更大，至此，一株蕨已完全长成，并出现区别其他种的特征。

很显然，林赛觉得自己已经看到了"蕨类尘埃"发育成完整的蕨类植物的全过程。他很肯定这些尘埃就是蕨类植物的种子。

忙碌的医务工作使得林赛无法开展进一步的观察，直到有一天，他收到了约瑟夫·班克斯爵士（Sir Joseph Banks）的一封信，班克斯是伦敦皇家学会的主席和皇家植物园——邱园——的科学顾问。班克斯请林赛收集牙买加的植物，尤其是蕨类植物，并寄往英格兰栽培种植。林赛回信说如此长距离地运送新鲜的蕨类植物，会有不小的风险，他将寄送一些它们的种子来代替。班克斯肯定对林赛所说的蕨类植物种子的存在这一说法大吃一惊，于是回信说，如果林赛能提供由种子生长出蕨类植物的方法，他将把此事通报给林奈学会，林赛也会因此受到褒奖。

林赛将这些"种子"连同播种说明一同寄给了班克斯。这写入了蕨类植物学的历史。多亏林赛所提供的信息，英国的园艺师们习得了通过孢子繁育蕨类植物的方法，并将此知识传给其他国家的同行。此后，蕨类植物开始出现于世界各地的温室、花园和公园之中。此外，邱园的园艺学家开始收集大英帝国各处的蕨类植物。他们积聚了全世界规模最大和最丰富的活体蕨类植物，并保持至今天（邱园的采集在科学和园艺上同样重要）。蕨类植物学家，也是英国最重要的植物学家之一詹姆斯·爱德华·史密斯（James Edward Smith）为了纪念林赛的伟大发现，以其名为热带蕨类植物中的一个属命名：鳞始蕨属（*Lindsaea*）。

蕨类植物的秘密生活

不过，林赛的观察引起了更多的疑问。他所观察"膜质"或"小鳞片"和种子植物的叶片与子叶是等同的吗？如果这些尘埃等同于种子，那产生花粉的花药又在何处呢？（花粉是"促进"种子形成所必需的。）授粉又是如何发生和在哪里发生的呢？

我们今天可以很轻松地面对这些问题，知道蕨类植物是不产生种子的，然而这对于18世纪和19世纪早期的植物学家来说，实在是一个大问题。直到1844年，才由瑞士的植物学家卡尔·冯·纳哲里（Karl von Nägeli），将关于蕨类植物种子的问题引向正途。他将注意力放在用显微镜研究原叶体（林赛最初报道的膜质或鳞片）下表面，冯·纳哲里看到了一些微小的球状凸起，他将之称为"乳头状突起"，其中包含着一些黑色的螺旋状细丝。他注意到，当乳头状突起湿润的时候，它们的顶端就会爆裂，同时释放出一些细丝，而这些细丝就会开始扭动并游向远处（图4）。他知道同样的乳头状突起和细丝也发现于苔藓和地钱之中，在那里它们被称为精子器，对应于种子植物的花药。因此，他将精子器这个名称应用到他在蕨类植物中所看见的乳头状突起上。可是，那些螺旋状的细丝是往哪里游动呢？

这个疑问直到1848年，才被喜爱植物学的波兰伯爵迈克尔·杰罗姆·莱什奇茨基-苏明斯基（Michael Jérôme Leszczyc-Suminski）所解开（Domanski 1993）。他发现这些螺旋状细丝会游向同样位于原叶体下表面的另一类乳头状突起。现在，我们称这类乳头状突起为颈卵器，它由一个长"脖子"和位于基部的单个大细胞组成（图4）。当精子游向颈卵器的时候，它们会朝着颈细胞之间向下扭动，并穿入基部大细胞中。穿入之后，这个细胞（我们已经知道这是卵细胞了）发育成长着根、茎、叶的蕨类植物胚。这棵幼小的植物最终将长成一株成熟的、长着孢子的蕨类植物。

由莱什奇茨基－苏明斯基的观察结果所发展而来的，关于蕨类植物繁育的描绘仍然传授至今。孢子（蕨类尘埃）由叶片下面的孢子囊产生。孢子囊释放出孢子来，落在适宜的基质上并萌发。长成分别产生精子和卵细胞的性器官（精子器和颈卵器）的原叶体（彩图 1，有些蕨类植物原叶体只生有一种性器官）。有水分时，精子器释放出精子，精子游向颈卵器（可能是同一或邻近原叶体上的颈卵器）并且使卵细胞受精。所得到的受精卵发育成有着根、茎、叶的胚。这个胚通过茎的变宽变长而长大，持续不断地长出更大的叶片，直到最终长出具有孢子的叶片（彩图 6）。此时，整个过程就完成了。

对于蕨类植物来说，完成一个生活周期所需要的时间不尽相同。比如有一些树蕨，需要二到三年的很长的时间。而据我们所知，最快的生活周期出现在水蕨（*Ceratopteris*，图 18）中，在最适宜的环境下，整个过程仅仅需要一个月。

对不少初学植物学专业的学生来说，蕨类植物生活周期中各个时期的发生次序是一个不小的难点。第一个时期称为配子体世代，因为此时产生了配子或性细胞。第二个时期称为孢子体世代，因为此时产生了孢子。配子体也就是原叶体，孢子体则是我们平时所见的有着根、茎、叶的蕨类植物。每个世代都由一个单细胞发育而来，配子体来源于孢子，而孢子体来源于受精卵。

两个世代有着明显的差别，不过经常被混淆。配子体期是有性世代，因为产生了性细胞，也就是精子和卵细胞。与此对应，孢子体是无

蕨类植物的秘密生活

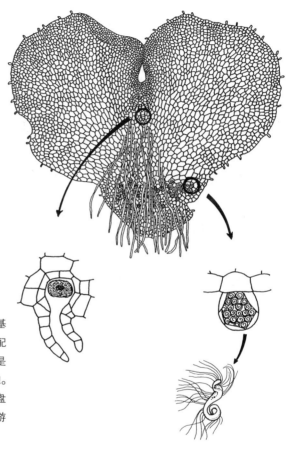

图 4 典型的蕨类植物配子体。基
部的毛状结构是假根，将配
子体固定在基质上。左侧是
颈卵器，其内藏有卵细胞。
右侧是精子器，其内藏有盘
圈的精细胞（下方是一个游
动着的精子的放大图）。

性世代，因为只产生了无性的孢子，而不产生性细胞。当你下次在野外
看到了繁茂的蕨类植物时，要记得它是个没有性别的植物，不发生有性
生殖。如果用我们自己去对应，当然这不是特别正确，我们的身体对应
着蕨类植物的孢子体。但是和植物不同，人类和其他的动物直接通过减

数分裂产生配子，我们没有介于中间的、通过有丝分裂产生配子的配子体（有性）阶段。（关于植物和动物有性繁殖的早期认识历史，尤其是所反映的社会关于性的流行观念，见法利的回溯，Farley 1982。）

还是回到蕨类植物种子的话题上来，今天的植物学家已经认识到孢子在结构上是完全不同于种子的。孢子仅含有一个细胞，没有预先成形的胚。相反，一粒种子里通常含有成百上千个细胞，并且形成了胚和贮存养分的特殊组织——胚乳。种子内所有的部分都与世隔绝，被多细胞的外壁（种皮）所包被。此外，孢子和种子在萌发的方式也有所不同。蕨类植物孢子萌发成配子体时期的原叶体，而种子将变成新的孢子体世代的小植株。

在我们现在看来，孢子和种子的不同是如此之大，以至于我们会对早期的植物学家当初把孢子当成种子而感到有些诧异。不过，我们感到的诧异和惊讶恰恰证明了植物学的进步。如今，关于蕨类植物种子的观念已经消失得无影无踪了。

蕨类植物的秘密生活

2. 孢子弹射

"教授快来！"正在盯着解剖镜的捷诺维·冈萨雷斯（Jasivia González）喊道，"快来！我看到它们动了！"我赶紧跑到捷诺维所工作的实验台。她显微镜的下方放着一片新鲜的绿色蕨类植物羽片，其上有许多孢子在猛烈地跳动着，由于有照明台从后面照亮，我看得格外真切。这些孢子跳起来有 1 英寸（2.54 厘米）左右，然后以抛物线方式落下。这就像制作爆米花的场景一样。

我通过显微镜，观察到了整个过程。数百个微小的球状孢子囊充满了视野，有几个孢子囊横向开裂了，其顶部缓慢地向后弯曲，装满了孢子，就像是一个准备发射的弹射器（图 5）。接下来的运动以迅雷不及掩耳之势在我眼前发生了，速度之快，目光难以跟上，但是我注意到了孢子囊朝着原先的位置轻轻弹去，一瞬间棕色的孢子就掉到了显微镜的载片台上。我曾经好几次看到过这样的运动过程，每一次都会让我感到惊奇。这即是孢子囊开裂的过程，也就是孢子囊开裂和孢子散出的过程。（我更喜欢称呼这个过程为"孢子弹射"。）

此时，几个新生围了过来，都想看看这个过程是如何发生的。他们是我在玻利维亚拉巴斯国家标本馆的蕨类植物学课中，15 个上课学生所组成的小组成员。通过显微镜看到了之后，他们询问孢子弹射是怎么发生的。我的回答多少可能有些复杂。这涉及蕨类植物孢子囊的结构，以及它们与水相互作用的物理化学性质。

典型的蕨类植物孢子囊由一个直径约 1/128 英寸（0.2 毫米）的球状孢子囊和其上所连的细柄所组成。孢子囊壁仅有一层细胞的厚度，因此纤薄、易碎且透明。有一列延经顶部的细胞显得与众不同。这列细胞被称为"环带"，环带比周围细胞的颜色更深，环绕了整个孢子囊的 2/3（图 2 和图 5）。这些细胞的内侧和径向壁发生了增厚，但是外壁却很薄且有良好的弹性。黑色的径向壁让环带看起来是分段的，由于外观如此，有的学生第一次看到这些环带的时候，常常说它像蠕虫。在孢子囊的前侧，环带让位于两个瘦长的横向细胞，称为裂口。

在孢子弹射的时候，环带充分利用了水的物理和化学性质。这些性质源于水的极性，极性是由水分子上氧原子周围所带的微量负电荷和氢原子周围所带的微量正电荷所创造出来的。不同的水分子间，具有相反电荷的区域相互吸引，形成了一种微弱的、短暂的化学键。这种吸引力让水具有聚合性——让水具有彼此结合在一起的趋势，甚至处于液态的时候。通过水分子间的聚合所产生的轻微张力，可以支撑小虫子的重量，使其能在池塘水面跑来跑去。因为小虫子的重量不足以打破水面上的聚合力，所以小虫子不会沉下去。

极性还和水的另一个性质有关：黏附性，即吸附于带电表面的能力。通过没有装满水的水杯就能看明白水的黏附性。如果注意看杯子和水平面接触的位置，你会发现水面边缘有一点弯弯的上升。这个"弯弯的上升"被称为弯液面，是由于水黏附于玻璃而形成的。在植物中，这种黏附性质十分重要，因为纤维素可以强有力地吸附水，纤维素带有电荷的分子，是植物细胞壁最主要的组成部分。黏附性质使一些物质亲水，如木质；使一些物质防水，比如蜡质。

环带如何通过聚合作用和黏附作用来发射这些孢子呢？最好的解释也许是通过法国化学家皮埃尔·贝特洛（Pierre Berthelot）1850年首次完成的简单实验来进行类比。贝特洛拿了一个装满水的厚壁玻璃管，然后将其密封，使玻璃管中只有水和一点点气泡。他慢慢地将玻璃管加热至 86 ℉（30℃），使水膨胀，让气泡溶解，最终整个管子里完全被水所充满。接下来，他让管子冷却。在冷却的过程中，管子中的水柱收缩，由于水对玻璃的吸附作用，它将管壁向内拉，导致管子变窄。贝特洛用测微尺进行了测量。

这时候，玻璃管中的水柱也被拉伸了，或者说受到了拉力。聚合力让水柱聚集，吸附力让水吸引着玻璃管。当这些力在内部的作用是相对的，因此创造了拉力，源于玻璃管通过冷却回复原来（稍宽）宽度的过程。结果并不稳定；管子冷却得越多，水柱收缩得越厉害，拉力就更大。最终，达到了一个极点，聚合和吸附的力量超过了玻璃管壁的弹性变形力。突然，水柱破裂，或者说形成了空泡。玻璃管内部的拉力消失了，管壁回复到最初的大小。在回复的时候，变形的玻璃管内一些隐含的能量变成了声音，这时可以听到金属般喀呖声。

同样的力也作用于孢子的弹射过程。这个过程开始的时候，也就是孢子囊裂开之前，环带中每个细胞都充满了水。这些细胞就像是一个个装满水的玻璃管。水聚集在细胞里，形成了短小的水柱；水还吸附于每个环带细胞的细胞壁的纤维素中。水分从环带外侧的稀薄处散失。细胞

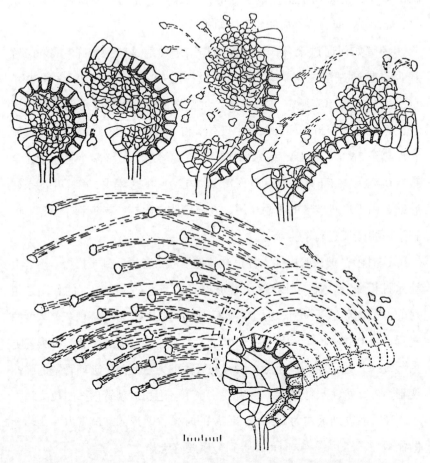

图 5　圣诞蕨（*Polystichum acrostichoides*）孢子囊发生孢子弹射的各个阶段。环带是延经孢子囊顶端的一列加厚的细胞。左上所示是裂开的初始阶段，两个裂口间形成了一个横向的裂缝。下部展示通过每个环带细胞的空穴作用（水柱的破裂）散播孢子的过程。比例尺，1 毫米。图片来自：Slosson 1906。

蕨类植物的秘密生活

内部的水柱收缩，就像玻璃管冷却的水柱收缩一样。通过黏附作用，收缩的水柱将细胞壁向内拉。不过，环带细胞的形状使得这里的情况和贝特洛的玻璃管有些不同。环带细胞具有柔韧的细胞外壁，外壁被其内收缩（和黏附）的水柱所拉扯，僵硬的黑色径向壁也朝向彼此相互拉扯（图6）。沿着环带的所有细胞都发生了形变，于是就整个环带向后弯曲（图5）。

　　弯曲的环带拉扯着孢子囊的前部，同时使两个裂口细胞分离（图5）。随着水分不断流失，环带更加朝后弯曲，裂口横向延展到整个孢子囊的一侧。（注意开裂的过程，即孢子囊裂开的过程，是渐近的，并不会立即释放孢子。）孢子囊裂开后，环带继续向后延展，直到成了一个倒"U"形。孢子囊的上半部形成了一个小杯子，装满了即将弹射出去的孢子（有一些孢子常会留在孢子囊基部所形成的杯底）。现在，孢子囊正蓄势待发。

　　此时，大多数水分都从环带流失了，其中仍有的少量水分紧紧地聚集在一起。聚合和黏附的力量一同作用于水柱和环带细胞的侧面，但是对应的细胞壁的弹力会将水柱扯开（图6）。最终，达到了一个极点，这时孢子囊细胞的弹力会超过水的聚合和黏附的力量，水柱形成空泡。内

图6　环带细胞变干时的受力分析。当细胞内部的水分通过外侧薄壁流失时，细胞内部的水柱收缩，并拉拽内侧薄壁（如向下箭头所示），使得厚密的径向壁（阴影）彼此拉拽。这个力与细胞壁的弹性趋势相对，弹性会使细胞恢复最初的姿态（向两侧的箭头所示）。

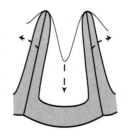

部拉拽细胞壁的力量消失了，细胞壁重新回复到最初的姿态。这使得整个环带猛地向前甩回到最初的"C"形姿态，就像贝特洛的玻璃管伴随着响亮的金属音回到原先的状态一样。"杯子"上侧所载的孢子投入空中，随风飘散。（关于苔藓植物和真菌的孢子扩散的绝佳描述，可以在该学科的经典工作中找到，Ingold 1939，1965。）

就像贝特洛的玻璃管中的水柱产生空穴作用最后发出了声响，环带细胞里的空穴作用也如是发生着。这个声响特别虚弱无法听见，但还是可以通过特殊的设备检测到。澳大利亚新英格兰大学的植物生理学家约翰·米尔本（John Milburn）和他的研究生金·里特曼（Kim Ritman）曾研究过蕨类植物孢子囊环带细胞和树木导管中的空穴作用所产生的声响（本质部中的空穴作用会阻断水的流动，是比较严重的树木生理机能问题）。他们发现来自形成空泡的单个环带细胞的微小震动，常会打破环带细胞内的平衡，导致其他环带细胞同时形成空泡并弹射孢子（Ritman and Milburn 1990）。换言之，第一个发生反应的细胞就像是导火索一般引燃了整个过程。

科学家还在浓缩的蔗糖或丙三醇溶液中研究过孢子弹射。他们将一个含水满满的孢子囊置入浓度已知的溶液中，然后观察是否会发生孢子弹射。因为溶液的浓度已知，导致水柱发生空穴作用的力量可以被计算出来。研究人员已经发现所需的力量大约在 200 ～ 300 个大气压，或是 3000 ～ 4500 磅每平方英寸（1400 ～ 2000 千克每平方厘米）！（这个研究方式看似有些矛盾。如果空穴作用的发生依赖于水分从环带细胞中流失，那怎么会发生在液体中呢？实际上，干燥的空气和浓缩的水溶液对于从环带细胞中抽取水分的效果是一样的。在浓缩溶液中，

蕨类植物的秘密生活

图 7 散出孢子后的孢子囊。每一个环带细胞内都
　　　是水柱的空穴作用后所形成的气泡。

水分通过渗透作用从浓度低的细胞内流到浓度高的外侧。结果和在干燥的空气中一样：水分从细胞内流失了，环带向后弯曲，随后发生空穴作用。）

　　在液体中，而不是干燥空气中，展示孢子弹射有两个优点。首先，在干燥的空气中，孢子释放的过程常常十分猛烈，以致孢子囊撕裂并从基部掉落。在溶液中观察这个过程，使孢子囊具有更好的稳定性，从而在孢子释放后仍然可以看到孢子囊。其次，在空穴作用发生后，每个环带细胞中可以形成真空的空泡（或近真空的空泡，因为存在一些水分）。这些空泡在孢子囊干燥的时候无法被看见，而在溶液中则显示为带黑色的小球。（图 7）

　　"原来就是这么回事啊！"学生们大声呼喊了起来，也就是说，在听完我的长篇大论之后，这群学生还没有走神。不过，最令我欣慰的还是孢子弹射吸引了他们的关注。蕨类植物让他们感到兴奋，并激发了他们对于这类植物的好奇。这就是为什么我选择在蕨类植物学课程的第一次实验课上，来展示孢子弹射。

3. 四散的孢子

几年前，我曾到纽约植物园的蕨类植物标本馆，挑选了一份刺叶鳞毛蕨（*Dryopteris carthusiana*）的标本，检查其叶子上的孢子数量。首先，我数清楚了叶片上的孢子囊群数量：7134 个。然后，用每个孢子囊群中的平均孢子囊数目（16 个）与之相乘，结果是 114,114 个孢子囊。因为每个孢子囊中有 64 个孢子，所以一片叶子上的孢子数目是 7,305,216 个。这对一片仅仅有 25 英寸（64 厘米）的叶片来说可真不赖！

这个计算结果说明了蕨类植物通常能产生大量的孢子。正如你所认为的，产量如此之高的孢子在蕨类植物的生命过程中扮演着重要的角色。在显微镜之下，能看到它们令人惊奇的漂亮结构，以及所呈现出的各异的形状、大小和颜色。

蕨类植物所有的孢子都特别小。最大的孢子也只有沙粒或者针尖大小——这便是卷柏属（*Selaginella*）和水韭属（*Isotes*）的雌孢子（发育成长有颈卵器的原叶体）的与众不同之处，虽说仅有 1/32 英寸（1 毫米）宽。大多数的孢子宽度在 30～50 微米（1000 微米等于 1 毫米）。这么小的单个孢子很难被看到，但是它们聚集在一起时就成了细细的粉末。

在显微镜下检查孢子，从外观上大致可以分为两种基本类型：豆状

（图9）和球状四面体（图10）。这些形状是由减数分裂——产生孢子时所发生的细胞分裂——时细胞壁的朝向所决定的（图8）。孢子母细胞发生减数分裂后，产生了四个聚集为一组的孢子（四分体）。它们不久就分开了，但是每个孢子都带着它们连在一起时的接触面上的印痕。豆状孢子的印痕是凹面上又短又直的一条线（图9），球状四面体孢子的印痕则呈"Y"字形。因为豆状孢子的印痕单一，所以称其为单裂缝；而球状四面体孢子的印痕则由三条短线组成，故而称为三裂缝。裂缝所在处是孢子壁最薄弱的地方，孢子萌发的时候会从这里发芽。（想欣赏蕨类植物孢子的美丽和多样性，可以参看电镜照片：Tryon and Tryon 1982；Tryon and Lugardon 1991；Tryon and Moran 1997。）

蕨类植物孢子有两层保护层，这些保护层决定了孢子漂亮的外貌。

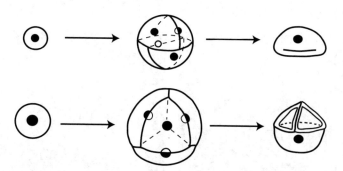

图8　蕨类植物孢子的两种基本类型，单裂缝（上方）和三裂缝（下方），在减数分裂时期的形成过程。左侧为孢子母细胞。中间的是减数分裂时期的四分体（四个孢子为一组）阶段（注意不同细胞壁的朝向），右侧为四分体分离后的单个细胞。每个细胞中的黑点代表细胞核。（Øllgaard and Tind 1993）

内层（孢子外壁）被细胞里的一些活性物质所掩埋，而外层（孢子周壁）则由外部的沉积物所形成，即孢子囊中分解的细胞营养层残余物。有些蕨类植物的孢子周壁很难被发现，因为它极薄，且和孢子外壁紧密相连（图2）。在另一些蕨类植物中，孢子周壁则比较松散，有着复杂的表面纹饰，如褶皱、瘤状和刺状的凸起。有时，孢子周壁还有翼和穿孔，像一个小桌垫；而有些刺很多，聚集成芒（图9）。

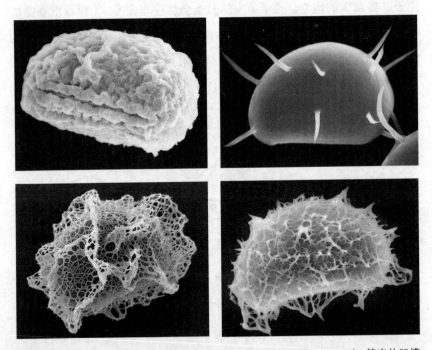

图9 单裂缝的豆状孢子。左上，产自热带美洲的曲轴蕨（*Paesia anfractuosa*）；笔直的凹槽是与其他孢子连接处的印痕。右上，产自哥伦比亚的蔓铁角蕨（*Asplenium volubile*）。左下，产自加蓬的常春藤蕨（*Lomariopsis hederacea*）；图片：Judy Garrioson Hanks。右下，产自热带美洲的鹿舌蕨（*Elaphoglossum rufum*）；图片：John Mickel。

蕨类植物的秘密生活

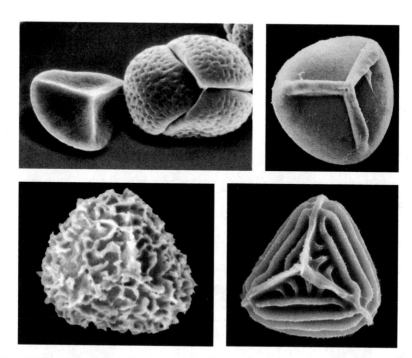

图10 三裂缝，球状四面体孢子。左下，产自热带美洲的反折石杉（*Huperzia reflexa*）。其他的几个为蕨类植物。左上，产自热带美洲的番茄蕨（*Lonchitis hirsuta*）。右下，产自热带美洲的绒毛泽泻蕨（*Heimionitis tomentosa*）。右上，产自墨西哥的双穗蕨属某种（*Anemia* sp.）。图片：John Mickel。

　　大多数蕨类和石松类植物仅产生一类孢子，术语上称为"同型孢子"。而有的会产生两类孢子，即雄孢子和雌孢子，术语上称为"异型孢子"。全世界将近300个属的蕨类和石松类植物中，仅有7个属为"异型孢子"：满江红属（*Azolla*）、水韭属、蘋属（*Marsilea*）、针叶蘋属（*Pilularia*）、二叶蘋属（*Regnellidium*）、槐叶蘋属（*Salvinia*）和卷柏属。

这些属中的雌孢子要远大于雄孢子，通常有 10 ~ 20 倍之多（图 11）。为什么会有如此之大的差异呢？

雌孢子需要储存大量的养料。和孢子同型的蕨类植物不同，孢子异型的蕨类植物的孢子萌发和发育成配子体的过程，都发生在细胞壁的内部而非外部。这种情况下，这种内生孢子的孢子外壁表面会有一小部分雌配子体外露以进行光合作用，这无法为配子体制造足够多的养料，也无法满足受精后胚胎的生长。因此，雌孢子必须储存养料，从而需要足够大的体积。雄孢子非常小，且生命历程极为短暂。雄孢子产生并释放

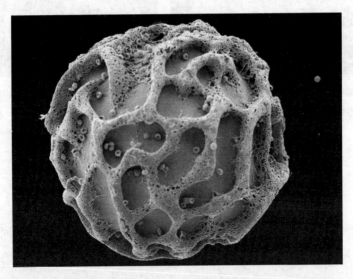

图 11　产自厄瓜多尔的孢子异型的高卷柏（*Selaginella exaltata*）。雌孢子
　　　　（左）要远大于雄孢子（右侧有一个雄孢子没有沾在雌孢子上）。
　　　图片：Judy Garrison Hanks。

　　　　　　　　　　　　　　　　　　　　　蕨类植物的秘密生活

精子，接着就结束了生命，它们不需要储存什么养料。

除了大小和形状，蕨类植物孢子的颜色也会有所不同。大多数的孢子是棕色或者黑色，比如鳞毛蕨科（Dryopteridaceae）和金星蕨科（Thelypteridaceae）。但是，有些孢子是黄色或者绿色的。黄色孢子是水龙骨科（Polypodiaceae）的特征，在广泛栽培的金水龙骨（*Phlebodium aureum*）上可以很容易地看到。它的孢子呈亮黄色，并让整个孢子囊群也呈现出亮黄色（然而，金水龙骨中的"金"指的是根状茎上的鳞片，而非孢子）。绿色孢子则含有可进行光合作用的叶绿素，全世界大约7%的蕨类植物是这种情况。一些人们所熟悉的有着绿色孢子的蕨类植物有：紫萁、膜蕨（Hymenophyllaceae）、荚果蕨（*Matteuccia struthiopteris*）和球子蕨（*Onoclea sensibilis*）。还有木贼属（*Equisetum*），它们也有绿色的孢子。

从功能的角度来说，绿色孢子和非绿色孢子有两点不同：它们的活性时间更短但发芽更快（Lloyd and Klekowski 1970）。绿色孢子通常只能活几天到几个月，而非绿色孢子能活三年甚至更长的时间。绿色孢子通常只需要1~3天就可以发芽，而非绿色孢子则更"优哉"，散播之后通常需要10~12天左右才会发芽。绿色孢子保持着代谢活性，不像棕色或者黑色的孢子那样会进入休眠状态。因为保持着活性，所以绿色孢子会不断地消耗所存储的养料，当养料用完时，也就没了发芽所需的能量。这就是绿色孢子短命的原因。保持着代谢活性，意味着在适宜的环境下，它们能够迅速发芽，不会浪费时间等待打破休眠。

非绿色孢子的休眠，也有着一些优势。休眠使得孢子埋入土后，仍然可以存活数年。这些未发芽的地下孢子成了一间"孢子银行"，能够在很长时间内为一个种群保留后备力量。这些孢子可能因一些穴居动物的活动、连根拔起的倒木或者土壤侵蚀等被带到地表。到地表后接触光线，这些孢子开始萌发，并发育成配子体，在受精后产生孢子体。曾埋藏在地下的"孢子银行"中的孢子，变成了新的植株并加入到原有的种群之中（Dyer and Lindasay 1992；Haufler and Welling 1994；Raghaven 1992）。

埋藏在地下的孢子对种群的未来还有另外的作用。这些孢子——通常在有光的时候——可以通过地表上成熟的原叶体（一般是雌的）所分泌的激素，而引起萌发。这种激素被称为"成精子囊素"，它被冲刷或散布到土壤中，以刺激周围那些埋在地下的孢子发芽。这些孢子发育成小个的原叶体，其上镶嵌分布着精子器（精子器一般生于更老、发育更充分的原叶体之上）。当土壤中有了足够的水分，精子器爆裂并释放出其中的精子，朝着土壤表面体积相较更大的雌原叶体（释放成精子囊素的原叶体）游去。所以，埋藏在地下的孢子对维护种群的基因库起了一定的作用（Chiou and Farrar 1997；Yatskievych 1993）。

和大多数蕨类植物不同，有些蕨类和石松类植物的孢子只在黑暗中发芽。小阴地蕨（*Botrychium*）、瓶尔小草（*Ophioglossum*）和石松就是很好的例子。它们的孢子在黑暗的土壤中萌发，并在地下发育成原叶体。这些原叶体通常为白色或棕褐色，不需要叶绿素，在没有光的环境下叶绿素没什么用。地下原叶体常为肉质，呈胡萝卜或土豆状，大约有 3/8 英寸（1 厘米）长，有生于其组织中的与之共生的真菌，这个真菌可以从土壤中汲取养分并运送到这些植物体中。这些地下原叶体难得一见，我们对它们的了解还很少。

蕨类植物的秘密生活

所有的孢子，尤其是在地下发芽的孢子，都以油脂的形式来储存养料。实际上，有些种类的孢子富含的油脂都能点起火来。最有名的例子就是石松孢子，它是早期摄影时所用的闪光粉的原料。这些孢子中的油脂具有疏水性，早先的药剂师将石松孢子覆盖在药丸上，以防它们变黏。今天，石松孢子仍商用于外科乳胶手套中，能够保证手套不粘到一起（Balick and Beitel 1988）。

　　［我常常会在一些关于蕨类和石松类植物的演讲中，点燃一些石松孢子作为演讲的华丽收尾。将一茶匙孢子放在对折的光滑纸张的折痕处，拿着这张纸离下面点燃的火柴约有 2 英尺（60 厘米）距离，然后顷刻间将孢子倒下去。落下的孢子烧得嘶嘶作响，迸发出黄色的火焰，时而伴有一些蓝色的火光。如果这无法引起大家的注意，我就会拿出一杯表面覆盖着石松孢子的水，将食指伸进去，然后收回来。指头上完全是干的，从而证明孢子富含油脂及具疏水特性。为了获取足够孢子来展示，需要收集 50～100 个孢子囊穗，把它们放在两张光滑的纸张间。一两天后，孢子囊干裂并散出孢子，看着就是一些黄色的粉末。拿起孢子囊穗，轻轻地敲一敲，把孢子囊中剩余的孢子敲出来，然后将纸对折。顺着折痕将孢子收入小瓶中，以备使用。］

　　关于蕨类植物孢子的最后一件事：它们不是导致花粉症的罪魁祸首。这种病症是由飘散在空中的风媒花花粉所引起的。花粉过敏是我们自身免疫系统对花粉颗粒表面的蛋白产生的反应所引起的。这些蛋白如果与柱头（接收花粉和产生种子的器官）上的蛋白相匹配的话，则意味着花粉可以萌发。如果花粉上的蛋白与柱头上的蛋白不匹配的话，那么花粉则无法萌发，就算萌发了，随即生长的花粉管（含有精子）也是不规则或者不完全的，无法发生受精作用。这套蛋白识别系统防止了不同种类的有花植物间的异花受精。蕨类植物没有花，没有柱头，更没有表面蛋白，自然也不会引起花粉症。这感觉很不错。对美丽且重要的蕨类植物孢子可不容嗤之以鼻。[1]

---

1 — sneeze 打喷嚏，sneeze at 蔑视，作者以其为双关语。——译注

4. 无性革命

"在所有的性歧变中，"法国象征派诗人雷米·德·古尔蒙（Rémy de Gourmont）写道，"最为奇怪的可能就是贞洁。"虽然这里写的是人，然而德·古尔蒙所说的对蕨类植物却也同样适用。对于蕨类植物来说，包含有配子融合（卵细胞和精子）的有性繁殖过程和其他植物是一样的。但是有些蕨类植物却有些反常（可以说是"贞洁"），因为其繁殖过程完全是通过一种无性的、称为"无配子生殖"的方式进行的，"不需要配子"这种繁殖方式赋予了这些蕨类植物一定的特殊性。

为了更好地解释无配子生殖有多么特别，有必要回顾一下第1篇中所详细描述的蕨类植物典型的有性生殖生活史。这个生活史由两个交替的时期或世代所组成：孢子体世代和配子体世代。每个世代都开始于单细胞：孢子体世代始于受精卵，配子体世代始于孢子。孢子体世代是我们最为熟悉的世代，因为我们平时所见到的就是处于孢子体世代的有着根、茎、叶的蕨类植物。发育的早期，每个孢子囊中包含着16个孢子母细胞。每个细胞通过减数分裂形成4个子细胞，总共得到64个孢子。在减数分裂时期，孢子母细胞的染色体加倍一次却减半两次。结果就是，孢子仅含有母株的一半染色体，称之为单倍体。孢子从孢子囊中散播出去，一切进展顺利的话，会找到适宜的基质并萌发。每个孢子会发育成原叶体，在大多数蕨类植物中，原叶体个头小，呈心形且扁平。它代表着生活史中的配子体世代，由于个体微小，人们对这个世代有些陌生。原叶体的下表面生有性器官——颈卵器和精子器，它们会分别产生卵细胞（雌配子）和精子（雄配子）。在湿润的时候，精子器开裂并释放出精子，精子游向颈卵器，使其中的卵细胞受精。单倍体精子加上单倍体卵细胞形成了二倍体的受精卵，由于产生孢子造成的单倍体又恢复到了二倍体状态，二倍体的受精卵将发育成新的孢子体。

由于缺少配子的融合，无配子生殖的生活史是无性的，这和标准的有性生殖生活史有些不同。无配子生殖中，每个孢子囊不产生 64 个单倍体孢子，而是通过减数分裂"故障"使每个孢子囊中产生 32 个二倍体孢子。在散播时，这些孢子萌发并长大，但比正常的原叶体要小，通过营养繁殖长出有根茎叶的小苗，而不长性器官。原叶体随小苗长大而消亡，小苗依靠自身独立生长。长到足够大的时候，生出长有孢子的叶片，这些叶片产生无配子生殖（二倍体）孢子，此时，一个无配子生殖的生活史就完成了。

无融合生殖生活史不过是营养繁殖里一种特别的形式，其实它和将植物的茎分株繁殖、成熟叶片上生出珠芽长成新植株这样的方式没太大区别。唯一的不同之处是，在无生殖融合当中，植物用于繁殖的部分是单细胞的二倍体孢子。

全世界大约有 5% ~ 10% 的蕨类植物是无配子生殖的。在蕨类植物研究得很充分的日本，有 13% 的蕨类植物是无配子生殖。无配子生殖在一些蕨类植物中尤为常见，比如铁角蕨属（*Asplenium*）、碎米蕨属（*Cheilanthes*）、鳞毛蕨属（*Dryopteris*）、贯众属（*Cyrtomium*）、凤尾蕨属（*Pteris*）和峭壁蕨属（*Pellaea*）。而在一些属中，甚至很大的属中，却没有无配子生殖，比如沼泽蕨属（*Thelypteris*）、泽丘蕨属（*Blechnum*）和树蕨［桫椤科（Cyatheaceae）和蚌壳蕨科（Dicksoniaceae）］。

无配子生殖在生长于干旱生境（例如荒漠、灌丛和裸露的岩壁上）的蕨类植物中十分普遍。在这些环境下，无配子生殖有两大优势。第一是不需要水，因为无配子生殖蕨类植物没有需要通过水来游动的精子（为了让卵细胞受精）。第二是无配子生殖产生的原叶体比通过有性生殖产生的原叶体成熟得更快。因为在无配子生殖生活史中，原叶体仅经历了很短的时间，减弱了干旱的影响。虽然无配子生殖常常出现在干旱的生境下，但是生长在潮湿的森林中的一些种类也会采取这种繁殖方式，比如卵果蕨（*Phegopteris connectilis*）和桫椤鳞毛蕨（*Dryopteris cycadina*）。在这样的生境中，无配子生殖有何优势，目前还不得而知。

无配子生殖的另一个特殊之处在于，其中有将近75%的种类，细胞有三套或更多的染色体，而非正常的两套染色体，这种情况被称为多倍化。大多数的种类拥有三套染色体，也就是三倍体。我们所熟悉的北美三倍体蕨类植物有：铁角蕨［单囊铁角蕨（*Asplenium monanthes*）和黑杆铁角蕨（*A. resiliens*）］、暗紫旱蕨（*Pellaea atropurpurea*）、细唇碎米蕨（*Cheilanthes feei*）和深波星鳞蕨（*Astrolepis sinuata* var. *sinuata*）。在栽培种中，则有白纹欧洲凤尾蕨（*Pteris cretica* var. *albolineata*）、贯众（*Cyrtomium fortunei*）和暗鳞鳞毛蕨（*Dryopteris atrata*）。

由于这些蕨类植物是三倍体，所以它们肯定是通过孢子的无配子

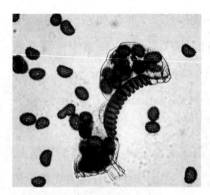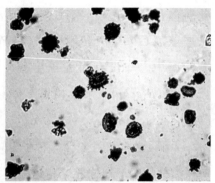

图12 冷蕨属（*Cystopteris*）的正常孢子（左）和败育孢子（右）。

生殖来产生后代的；它们无法进行有性生殖。这是由染色体在减数分裂时期的方式所决定的。孢子形成过程中，三倍体仅有两套染色体可以进行配对；剩下的一套染色体无法配对。配对染色体将分散到子细胞中，每个子细胞得到其中的一半。但是未经配对的染色体也会分散到子细胞中，子细胞得到的染色体则是不均的。一个细胞可能会得到一套未经配对的染色体，另外的16个也是如此。这种不平衡导致了孢子的败育，孢子无法萌发，而且变得不规则、发生形变，通常还会发黑发暗（图12）。无配子生殖则可以避免这样的问题，因为它略过了有关染色体配对的减数分裂步骤。所以，三倍体蕨类植物可以通过无配子生殖的方式产生可育的孢子。

可育孢子可以被气流带走并扩散到很远的地方，这也是蕨类植物扩大自身地理分布的一种方式。通常来说，无配子生殖的蕨类植物相较于其相近的种有更广泛的地理分布。举例来说，光滑旱蕨（*Pellaea glabella*）由两类植物组成，一类是通过有性繁殖产生的二倍体（有两套染色体），另一类是通过无融合繁殖产生的四倍体（有四套染色体）；其四倍体通过二倍体的染色体加倍或者多倍化形成（Gastony 1988）。这两类植物无法用肉眼区分；无论在生长习性、体型大小还是叶片的分裂状态上，两者都没什么分别。但是通过有性繁殖产生的二倍体分布范围更加狭窄，仅在密苏里州的东南部罕有发现。相较之下，无配子生殖产生的四倍体更为广布，在美国的整个东南部都很常见（图13）。类似的情况还在一些同样有着有性繁殖和无配子生殖的属中有发现，比如铜背蕨属（*Bommeria*）、凤尾蕨属（*Pteris*）、星鳞蕨属（*Astrolepis*）、岩盖蕨属（*Pecluma*）。

无配子生殖的蕨类植物有种"不正常"的感觉，在有性繁殖的正常世界中保持着"贞洁"。和许多通过有性繁殖的亲戚有所不同，它们还有占据干旱的生境、染色体加倍和展现出有相对较广泛的分布范围等趋势。不过，还是应该称它们为"有着另一种生活方式的蕨类植物"比较贴切。

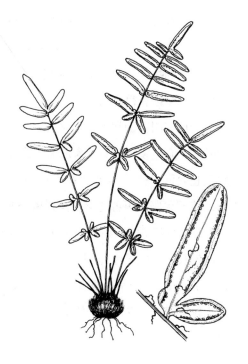

图13 产自北美的无配子生殖的光滑旱蕨。右下是小羽片的细节图，孢子囊群被反卷的假囊群盖所包被。

5. 珠芽繁殖

大多数蕨类植物的配子体一生短暂且卑微。爱荷华州立大学的蕨类植物学家、植物学教授唐纳德·法勒（Donald Farrar）给我讲过一个故事，可以很好地解释这件事。七月中旬的某一天，唐纳德在前往爱荷华中部的伍德曼山谷自然保护区（Woodman Hollow Nature Preserve）的路上，注意到了一些植物，正好是研究所里的几个研究生在研究的种类。唐纳德决定在这里打上标记，好让自己下次可以很容易地再找到这个位置。路边有很多散落的石头，于是他捡来一块拳头大小的石头，装到一个放三明治的塑料包装袋里，然后摆在了小路旁边。十月中旬再来的时候，他把袋子和石头拿起来，发现袋子和石头上都长满晶莹剔透的蕨类植物配子体。可是他在小路的周围都找不到任何其他配子体的踪影，甚至在那些很可能落上同样蕨类植物孢子的岩石上也找不到。这究竟是怎么回事呢？小路旁石头上的孢子难道就没法萌发了吗？或者说它们萌发长出了配子体，但是被周围的一些昆虫、蜗牛当成了饭后甜点，还是被真菌消灭了？再或者，是因为天气干燥，都干死了吗？有一点我们是比较清楚的：成百上千的孢子或配子体没能长大，或者其寿命都十分短暂。

这个故事告诉我们，有性生殖其实是笔风险极大的买卖。有性生殖看起来是可以保障蕨类植物繁衍生息，可如果遇到孢子和配子体无法生长的情况，就大事不妙了。另外的一个保障系统是营养芽——这些芽生长在根、茎或叶片上。

在北美的东部，有一种常见的产珠芽的蕨类植物，叫作珠芽冷蕨（*Cystopteris bullbifera*），它生长于石头缝或岩屑坡上。珠芽冷蕨的珠芽长得像豆子一般，生于叶片下表面的中脉处（图 14），珠芽可以生得很多，以至于叶片会变得下垂。珠芽成熟后，很容易掉下来，哪怕只有轻微的触动。还记得我刚入行成为一个植物研究者的时候，有一件令我非常挫败的事情，在采集这种蕨类植物的标本时，我把它们放进了塑料袋里，可是所有的珠芽都掉落了。在野外，珠芽会在岩石缝隙或者是石下扎根并成长为新的植株。从裸露岩石周围大量的珠芽冷蕨来看，它依靠珠芽繁殖十分成功。

图 14　珠芽冷蕨叶片下表面的珠芽。

和珠芽冷蕨不同，大多数蕨类植物的珠芽不会从叶片上掉落。它们的珠芽一直长在叶片上，直至叶

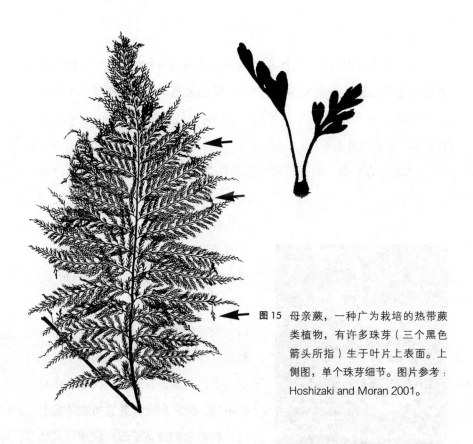

图15 母亲蕨，一种广为栽培的热带蕨
类植物，有许多珠芽（三个黑色
箭头所指）生于叶片上表面。上
侧图，单个珠芽细节。图片参考：
Hoshizaki and Moran 2001。

片衰老，叶柄变得柔弱，珠芽随着整个叶片渐渐垂落至地面，然后扎
根入土，开始生长。通常可以看到有着这样珠芽的蕨类植物，其新植
株在地上生长，仍然连着腐烂老叶片。沿着这些烂叶子的中脉，一般
可以找到产生这些珠芽的茎。一般来说，在叶片成熟且快速生长的时
候，其上附着的珠芽发育缓慢，而在叶片开始衰亡时，珠芽会生出更
多、更大的叶片。蕨类植物上的珠芽可以生长在叶片的任何部位，不
过通常对某一个种来说，珠芽着生的位置也是相对固定的。比如，黑

蕨类植物的秘密生活

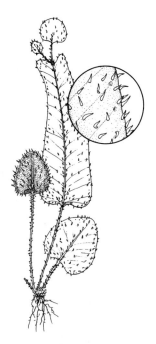

图16 产自哥斯达黎加的多育舌蕨（*Elaphoglossum proliferans*），珠芽生于叶片顶端。放大部分是叶片上的鳞片。图片：Mickel 1985。

图17 产自中国的东方狗脊上的珠芽。

　　心蕨属（*Droyopteris*）和泽泻蕨属［*Hemionitis*，其中包括广泛栽培的细辛叶泽泻蕨（*H. arifolia*）］中的某些种，珠芽通常生于叶片基部。叉蕨属（*Tectaria*）和双盖蕨属（*Diplazium*）中一些有珠芽的种类，珠芽通常或上或下地生于叶片或者小叶的中脉上。栽培十分广泛的母亲蕨（*Asplenium bulbiferum*）的叶片上，有着成百棵小珠芽生于小叶上（图15）。珠芽有时只生长于叶片顶端，比如隐囊蕨属（*Danaea*）中的许多种类和一种热带美洲的舌蕨属（*Elaphoglossum*，图16）植物。

东方狗脊（*Woodwardia orientalis*）的珠芽生长于一个特殊的部位。它的珠芽形成于叶片上表面，正好在下表面孢子囊群着生位置之上。珠芽的形成抑制了下侧孢子囊群的发育；如果珠芽不发育了，孢子囊群才能正常发育。一片大叶子上镶嵌着成百的珠芽，其上还有刀片状的小叶（图 17）。

粗梗水蕨（*Ceratopteris pteridoides*，图 18）常被栽培于水族箱中，它的珠芽生于叶片的边缘。这种蕨类植物的叶片可以漂浮在水面上，因为它宽大的叶片由蓬松的、充满气体的海绵状组织（通气组织）

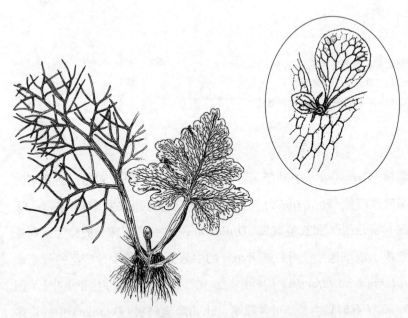

图 18 粗梗水蕨，常被栽培于水族箱中，珠芽（上方细节图所示）生于
叶片边缘。图片：John Mickel。

蕨类植物的秘密生活

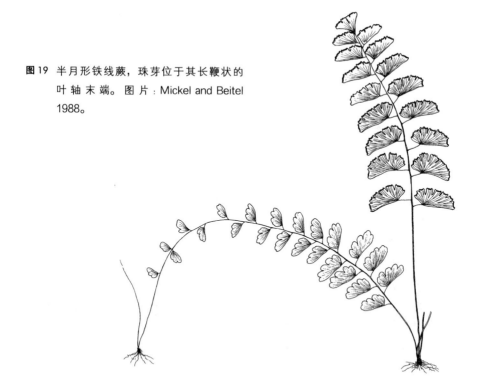

图19 半月形铁线蕨，珠芽位于其长鞭状的
　　叶轴末端。图片：Mickel and Beitel
　　1988。

所构成。粗梗水蕨的珠芽还在叶片上时就开始增殖，其上又继续生出新
的珠芽，不断增殖，最后形成一连串的叶片。有过栽培经验的人都知道，
这种蕨类植物在水族箱里生长是多么迅速，很快就可以通过这种营养
繁殖的方式长到水面之上。

　　有些蕨类植物所产的珠芽生长于很长的鞭状叶尖上，就像鞭毛或者
触须一样。有的珠芽单独生长于叶的尖端，有的则是几个一同生长于延
长的尖部。利用叶尖延拓出去，可能是为了让珠芽远离母株生长，从而减
轻竞争压力。有一些蕨类植物"长鞭"是由缺少绿色叶片组织的叶轴延
伸而来，例如一些鞭状的铁线蕨［鞭叶铁线蕨（*Adiantum caudatum*）和

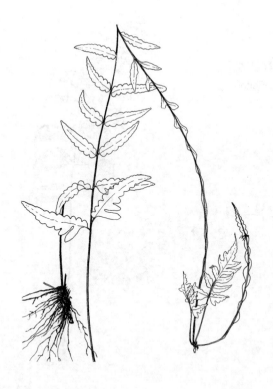

图20 波多黎加实蕨，珠芽生
于鞭状叶轴上。图片：
John Mickel。

半月形铁线蕨（*A diantum lunulatum*，图19）[1]和一些铁角蕨［卷须铁角蕨（*Asplenium cirrhatum*）、长叶铁角蕨（*A. prolongatum*）和单列铁角蕨（*A. uniseriale*）］。在其他的蕨类植物中，生有珠芽的延伸叶尖两侧会有绿色的翅或者回数减少的羽片，比如广泛栽培于亚洲的长叶实蕨（*Bolbitis heteroclita*）和美洲热带地区的波多黎加实蕨（*B. portoricensis*，图20）。

有几种铁角蕨［曼式铁角蕨（*A. mannii*）、匍茎铁角蕨（*A. stolonipes*）、

1—　*A. lunulatum* 为 *A. philippense* 的异名。——译注

　　　　　　　　　　　　　　　　　　　　　蕨类植物的秘密生活

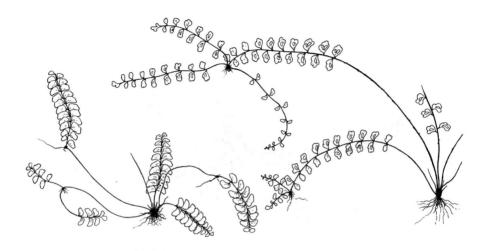

图 21 两种产自墨西哥的依靠珠芽繁殖的铁角蕨。左为匍匐铁角蕨，珠芽生于延伸的叶轴顶端。右为基芽铁角蕨，珠芽生于叶轴近顶端处。图片：Mickel and Beiteal 1988。

基芽铁角蕨（*A. soleirolioides*）]，它们的珠芽生长于延伸的叶柄先端。这些叶柄的长度是没有珠芽的叶柄的 4~5 倍。叶柄不断伸长、弯向地面，最终"着陆"于土壤中，随后生根发芽。接着，珠芽上的叶柄转变为叶轴，这个叶轴最终会发育成一片典型的绿色叶片。（图 21）

在莎草蕨属（*Actinostachys*）和枝莎蕨属（*Schizaea*）中，珠芽生于叶柄的基部。珠芽形成时，这些珠芽会发育成生有更多叶片的短茎，并在这些叶片的叶柄处又长出珠芽。这个过程重复几次后，植株呈现出成束或者成丛的生长形态。所有的叶片看起来像是从同一根茎上放射生长出去，但是把这一丛剖开后可以发现，叶柄实际上是许多独立的生

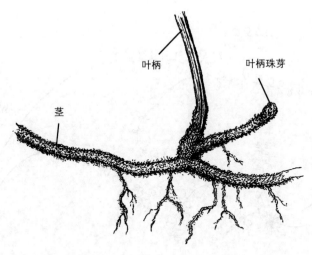

图 22 栗蕨 (*Histiopteris incisa*) 生于叶柄上的珠芽。
图片：Mickel and Beitel 1988。

于叶柄上的珠芽产生的。

　　略有一些不同的叶柄珠芽还见于碗蕨科（Dennstaedtiaceae）和鳞始蕨科（Lindsaeaceae）的很多种类中。这些珠芽不经过任何停滞阶段，会直接发育长出横走状茎，其上长着间隔很宽的叶片。由珠芽长成的茎仍然与原来长着叶片的叶柄基部的茎相连，成为整个根茎系统的一部分。在产于北美东部的草香碗蕨（*Dennstaedtia punctilobula*）中也可以看到生于叶柄基部的珠芽。大约每五片叶子就有一个珠芽。栗蕨属（*Histiopteris*，图 22）、姬蕨属（*Hypolepis*）和鳞盖蕨属（*Microlepia*）的叶柄基部通常每三到四片叶子会有一个珠芽（Troop and Mickel 1968）。通过珠芽，这些植物可以迅速地扩散，形成广布的、四散的克隆

蕨类植物的秘密生活

植株。

　　除了在叶片上，珠芽还会长在茎上。有些石杉属（*Huperzia*）植物会在接近茎的顶端处，产生被称为"胞芽"的三裂状珠芽。这些珠芽高度集中在茎上，每个上都长着三片叶子，因此表现为三裂状。当被雨滴砸到后，一个珠芽翻滚着从母株上落到土上，然后发出新的根与芽。在近成熟的石杉上通常可以找到仍然连在珠芽上的小苗。

　　某些种类的松叶蕨［例如松叶蕨属（*Psilotum*），彩图 20］和小阴地蕨亚属（*Botrychium* subgen. *Botrychium*）的地下茎上也会产生珠芽（Farrar and Johnson-Groh 1990）。在温室里，松叶蕨有时会意外地出现在花盆里或新栽种的植床上。这是因为有的珠芽被遗落在土壤中，这些土又被用来栽种其他的植物。

图 23　通过匍匐枝产生珠芽的匍枝泽丘蕨（*Blechunum stoloniferum*）。图片：Mickel and Beitel 1988。

图24 左图，肾蕨（*Nephrolepis*）悬挂着的匍匐枝。右图，从珠芽上生出的肾蕨小苗上的匍匐枝。
图片：John Mickel。

蕨类植物的秘密生活

有时，珠芽会在极度伸长的茎上形成，这样的茎被称为长匍枝或匍匐枝（图23）。众所周知的肾蕨和波士顿蕨［肾蕨属（*Nephrolepis*）］通常栽培于悬挂的铁丝篮中。匍匐枝呈线状，如果时间足够的话会长满整个篮子，显得十分凌乱（图24）。大多数栽培者会进行修剪，但是如果任之生长直至土中的话，这些匍匐枝将会长出一个带着根的珠芽。在自然界中，肾蕨属的陆生种类会通过匍匐枝，形成大量的茂密且不可分的克隆植株。

　　另外的一些通过匍匐枝繁殖的蕨类植物是分布在北美和欧亚大陆的荚果蕨（*Matteuccia struthiopteris*）。它的匍匐枝在地表下水平生长1～2英寸（2.5～5厘米），在离开母株一定距离后垂直生长并长出叶片。已长成的植株一般每年会通过不同的匍匐茎，生出两三株小苗。通过这种方式，荚果蕨可以在苗圃中迅速扩散，如果不加管制，它会把其他的近地植物都遮蔽住。虽然具有如此的侵略性，但是在寒温带地区的房屋周围种植的蕨类植物中，它仍然是最受欢迎的种类之一。

　　直立肾蕨（*Nephrolepis cordifolia*）是热带地区最广为种植的蕨类植物之一，因为它紧密的、硬实的直立叶片很适合作篱笆或隔离带。和本属中的其他种类虽然相似但略有不同，它生出的匍匐枝上有富含淀粉的、形似小土豆的块茎，直径约1英寸（2.5厘米）。当母株死去或块茎从母株分离，块茎可以长出新叶。这时块茎在功能上类似于珠芽，虽说其主要的功能是贮藏能量。

　　蕨类植物的珠芽还会在根上生长，尤其是在一些热带的附生种类中。它们的根缠绕着长满了苔藓和覆盖着腐殖质的树干和枝条。根会不时繁殖并长出带有叶片的新珠芽，这些叶片看起来就像从苔藓层中胡乱冒出来的一样。一些常见的缠绕在热带树木上的、通过根上的珠芽进行扩散的附生蕨类植物有书带蕨科（Vittariaceae）、禾叶蕨科（Grammitidaceae）、铁角蕨属和岩盖蕨属。

鹿角蕨属（*Platycerium*）是另外一类拥有根上珠芽的附生蕨类植物。这类蕨类植物广泛地栽培于家庭和温室中，通常悬挂在铁丝篮中或者绑在木板上。在它们的根从土壤或者植株基部周围戳出来的地方，根尖直接转变成珠芽，而珠芽会长成有着圆形叶（盾状叶）紧贴土壤的小苗。这些小苗被称为幼苗，会被栽培者切下并移栽（图25）。全世界几

图25 栽培者正在移栽鹿角蕨的幼苗。注意有两种不同类型的叶片：一类是圆形的盾状叶片，一类是长条形的叶片。

　　　　　　　　　　　　　　　　　　蕨类植物的秘密生活

乎所有的商业种植的鹿角蕨都具有这样的繁殖方式；这些植物很少通过孢子来繁殖。（关于通过幼苗繁殖鹿角蕨的说明见：Hoshizaki and Moran 2001。）

尽管根芽在附生植物中最为普遍，但是也能见于一些陆生的植物中。瓶尔小草（*Ophioglossum*）通过地下约 1 ~ 3 英寸（2.5 ~ 7.5 厘米）长的根，让根上的珠芽，产生面积大但稀疏的克隆植株（图123）。亚洲的延羽卵果蕨（*Phegopteris decursive-pinnata*），种植到美国东部的花园后繁茂生长，它很容易通过根芽扩散，不久就长满了。在东亚，人们食用菜蕨（*Diplazium esculentum*）的拳卷幼叶，它同样通过根芽扩散，这也是它易于栽培食用的原因。

无论珠芽长在根、茎，还是叶片上，都会有一个共同的结果，就是植株在野外通常会集群分布。它们外形相似，形成克隆植株或者成簇生长。成簇生长的植株有时仅占很小的一块面积，大约一平方米，比如掌叶泽泻蕨（*Hemionitis palmata*）；有时则可能会占据足球场般大小的面积，比如肾蕨属中的某些种类。无论克隆植株的体型如何，珠芽提供了有性繁殖以外的一种快速占据一片区域的繁殖方式。它们保留母株有利的基因组合，这些组合可能会在细胞分裂形成孢子的减数分裂过程中重新排列组合。如果母株能很好地适应该环境，那么其通过珠芽产生的后代，会继承同样的具有良好适应性的基因。

珠芽对不育杂交种的繁殖也很重要。这些植物由于孢子败育无法进行有性生殖。有了珠芽，它们也就有了维系生命的方式，甚至可以扩散到杂交种最初形成的地方之外。北美东部就有一个这样的例子，两种石杉［亮叶石杉（*Huperzia lucidula*）和岩生石杉（*H. porophila*）］的杂交种通过珠芽存活，而这个杂交种被发现的地方，其中一个亲本物种甚或两个亲本都不再生长。新世界热带的大多数地区，都会有乌毛蕨属（*Blechnum*）分布，有的甚至通过匍匐茎上的珠芽在本地大量繁殖。

全世界范围内，估计蕨类植物中有 5% 的种类会形成珠芽。珠芽是一个小小的创新，但这个小小的创新为植物在充满竞争的世界里提供了有利的条件。没有哪种蕨类植物完全依靠珠芽进行繁殖，它们都通过珠芽或孢子和配子体的有性生殖相结合的方式繁殖。不过，要是当有性生殖遇到了什么困难，那珠芽这个"备胎"就能派上用场了。

蕨类植物的秘密生活

6.杂交和多倍化

1993 年，当《北美植物志》（*Flora of North America*）第二卷出版时，书中出现了一些从来没在其他的鉴定手册里见过的新东西。这卷书里描述了 420 种不同的生长于美国和加拿大的蕨类和石松类植物，其中有一些非常有意思的像网一样的图，用来描述物种间的关系和它们的杂交情况。这类图描绘了物种间的起源关系，因此得名网状演化图（图26）。

网状演化图和演化树可是两回事。它并不显示不同物种最近的共同祖先，即种群中的个体受自然选择的影响，由同一个祖先分化所产生不同的物种的亲缘关系。网状演化图显示的是哪些物种共同形成了某些杂交种。这种图还能在一定程度上预测出哪些杂交种是不育的（有败育孢子），和哪些杂交种是可育的（有可育孢子）。几乎所有的杂交种在形成之初都是不可育的，但如果它们的染色体通过一种称为"多倍化"的过程而加倍了，它们也就自然而然地成了可育的，能够产生可育的孢子。

《北美植物志》中之所以收录了网状演化图，是因为网状演化图所展示的杂交和多倍化，对解释蕨类和石松类植物的新种形成机制来说，是至关重要的。这本植物志所收录的物种中，有将近 20%（大约 100

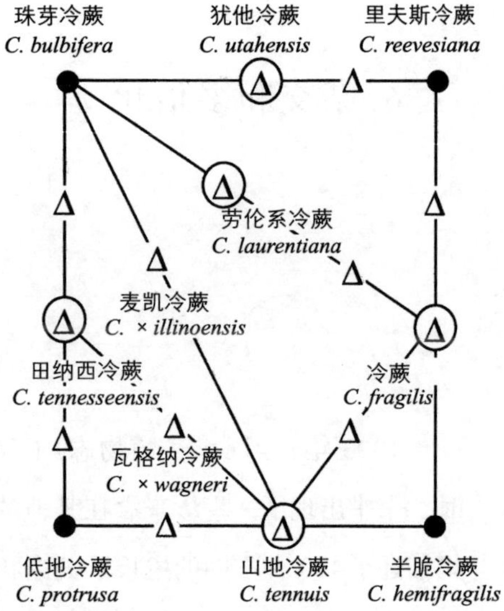

珠芽冷蕨
C. bulbifera

犹他冷蕨
C. utahensis

里夫斯冷蕨
C. reevesiana

劳伦系冷蕨
C. laurentiana

麦凯冷蕨
C. × illinoensis

田纳西冷蕨
C. tennesseensis

冷蕨
C. fragilis

瓦格纳冷蕨
C. × wagneri

低地冷蕨
C. protrusa

山地冷蕨
C. tennuis

半脆冷蕨
C. hemifragilis

图26 北美的冷蕨属（*Cystopteris*）的网状演化图。实心圆圈代表二倍体物种，三角形代表不育杂交种，圆和三角组合代表因染色体数目加倍而可育的杂交种。半脆冷蕨是一个假想的祖先。图片：*Flora of North America*，1993。

种）都是杂交起源且通过多倍化而形成的。

多倍化最好还是通过事例来解释一下。在有关联的蕨类植物种类中，通常有同样的一套染色体，但染色体的倍数不尽相同。举例来说，鳞毛蕨属（*Dryopteris*）当中的一些种类，体细胞中有41对染色体，而有的一些种类则有82对甚至164对染色体。这些染色体对数都是41的倍数，而41则是整个属中最低的对数。同样地，铁角蕨属（*Asplenium*）中的大多数，体细胞有36对染色体，但有的则有72对，少数种类有144对或288对。这些对数都是36的倍数，36是该属中最低的对数，故此称其为该属的染色体基数。这些拥有最低染色体倍数的种类被称为二倍体（有两对最低数目的染色体），染色体倍数更高的种类则被称为多倍体。从染色体套数上来说，一个种既可以是四倍体（四套染色体）、六倍体（六套染色体），也可以是八倍体（八套染色体），等等。铁角蕨（*Asplenium trichomanes*）就是一个很好的例子，一个物种既有二倍体又有四倍体。

多倍体的形成通常始于不正常的减数分裂，所产生的"未减数的孢子"，有两套染色体而非正常的一套染色体。这些孢子萌发，并长成产生卵细胞和精子的配子体，如果在同一配子体中发生精卵融合，也就是说发生了自体受精，结果就是受精卵中会有四套染色体，两套来自于卵细胞，两套来自于精子。换言之，受精卵是四倍体，由此发育而来的孢子体也将是四倍体。这个新倍性的蕨类植物在受精的一瞬间就形成了；不久，将进入自然选择的缓慢进程中。

多倍化通常和杂交有着不小的关联。当一个物种的精子游向另一个物种的卵细胞并完成受精，杂交就发生了。杂交的受精卵长成植株，有着正常的根、茎、叶，然而植株却有可能是不育的；它的孢子可能畸形、发黑和败育。发生孢子败育，是由于生理上或者结构上的某些原因，使得减数分裂时亲本染色体错误地配对。错误配对会导致染色体不均匀地分配到子细胞中（这些细胞将会发育成孢子），如此每个细胞（每个孢子）得到了过多或者过少的染色体。这种基因上的不平衡导致了孢子败育和杂种的不育性。[对人类来说，仅一条染色体发生异常就可引发病症，如多一条 21 号染色体导致唐氏综合征，缺少一条 X 染色体（男性）则会导致特纳综合征，发生智力迟钝和不育等问题。蕨类植物杂交中，不合格的减数分裂不仅仅是涉及一条染色体的分布不均，所以最终的结果很严重：孢子完全败育。]

然后就轮到多倍化出场了。通过使杂交种的染色体数目加倍，每条

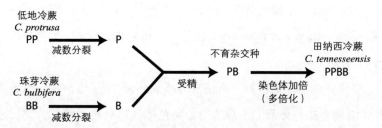

图 27 田纳西冷蕨通过杂交和多倍化的起源方式。P 代表亲本低地冷蕨的一套染色体；B 代表亲本珠芽冷蕨的一套染色体。减数分裂使得染色体数目减半。两个物种间杂交产生了一个不可育的杂交种后代。多倍化通过提供了额外一套染色体，让孢子在形成时，其染色体可以正常配对，使杂交种变得可育。

染色体都有了伙伴（本身复制或同源染色体），可以在减数分裂时正常配对。减数分裂时，配对正常进行，染色体将均匀地分布到子细胞中去。于是，杂交种有了可育的孢子和正常的繁殖能力（图 27）。因此，多倍化使得原本不可育的杂交种变得可育，让它们可以进行有性生殖。

一旦变得可育，杂交种就可以独立于其亲本进行繁殖。它们可以通过散播孢子并开拓自己的领土——这片领土可能会比其亲本要广。可育杂交种的种群不仅仅发生自然选择，同时还会演化出一些在亲本中未曾发现的新特征。简言之，一个杂交种通过多倍化而稳定下来，它获得了繁育能力和独立演化的能力。

杂交和多倍化可以多次、独立地出现。例如，斯科特铁角蕨（*Asplenium* × *ebenoides*）是北美过山蕨（*A. rhizophyllum*，彩图 4）和宽脉铁角蕨（*A. platyneuron*）间产生的杂交种，它可以出现于任何两个亲本混生的区域，比如宾夕法尼亚州东部、田纳西州中部或者密苏里

蕨类植物的秘密生活

州南部。来自同样亲本的可育杂交种可以有多个起源点，这在遗传学研究中已经得到了很好的确认。斯科特铁角蕨是北美洲东部最为常见的铁角蕨属杂交种，然而只在佐治亚州这一个地点，其染色体数目发生加倍并且可育。这为什么没有发生在其他地方，其他地方的那些不育的杂交种又为什么没有变成可育的？至今仍是谜团。

植物学家是如何检测多倍体和杂交种的呢？多倍体通常有两种发现的方法。最可靠的方法是数植株的染色体数目，但是这个过程十分枯燥且费时。另外一个方法是通过测量细胞的长度。这种方法可以奏效是因为多倍体与相关的二倍体相比，细胞通常会更大。此外，蕨类和石松类植物有一个优势，就是单细胞（孢子就是单细胞）在光学显微镜下很容易被检查。用一滴水可以将孢子固定在载玻片上，用固定在显微镜目镜里的小标尺即可测量（一种目镜测微计）。还可以测量气孔保卫细胞，但是要检测这些叶片组织，必须先将其浸入腐蚀性的化学溶液中使其透明，这比把孢子浸入水滴里要费劲得多。因此，推测多倍化最为常用的就是孢子。如果猜测的多倍体和已知的二倍体，在所测量的孢子尺寸上有明显差异，那就很有可能真的是多倍体了。

检测杂交种要比检测多倍体容易，因为杂交种通常用肉眼就可以分辨出来。杂交种通常表现出亲本间的状态，但是变化多样。它们不是恰巧介于其亲本间的中间形态，而是在亲本的典型状态的范围内发生变化。这种变异结果是由于杂交种发育过程中，来自亲本的基因指令在"拔河"，使得性状发生不规则的变化，比如在叶片形状、叶脉样式、茎节长度等方面，来源于亲本的基因都发生着激烈的竞争。比如说，杂交种的两个亲本，一个是单叶，而另一个则是一回羽状复叶，那么这个

缺刻三叉蕨
Tectaria incisa

杂交种

巴拿马三叉蕨
T. panamensis

宽叶铁线蕨
Adiantum latifolium

杂交种
杂羽铁线蕨
A. × variopinnatum

蔓铁线蕨
A. petiolatum

图 28 两种蕨类植物杂交种及其亲本的轮廓，两例都来自哥斯达黎加。杂交种展现出介于其亲本简单变异状态。

　　杂交种所展示出的叶形变异范围应该在浅裂至一回羽状复叶之间（图28）。这种变异通常表现得不规则，经验丰富的植物学家经常可以由此分辨出杂交种。

　　基于形态的中间状态猜想该植物是杂交种时，也应当在显微镜下检查其孢子是否败育。如果检出孢子败育，则进一步提供了该种为杂交

蕨类植物的秘密生活

种的证据，而且是不育的杂交种。败育的孢子有时看起来发黑并且发生了畸变，看起来有些像土粒，像是制备载玻片时不小心被灰尘污染了。

通常以形态学和地理分布为基础，来判别形成杂交种所涉及的双亲物种。然而，今天的植物学家有一种更强有力的工具——酶电泳，这项技术可以显示出一份样品中的不同的个体；在电泳后，它们的蛋白酶（同工酶或者等位酶）所在的位置会有微小的差异。从杂交种和所猜测亲本中提取叶片组织，将其置入有着淀粉胶块或者丙烯酰胺凝胶的电泳槽中，然后加上高电压让电流通过凝胶块一段时间。凝胶块上的分子会以不同的速率移动，这取决于分子的大小、形状和所负载的电荷，最终这些分子会分离成不同的条带。通过一些特定的酶让凝胶块着色，然后就可以看见这些条带了。亲本物种通常有着各自不同的条带样式，杂交种的条带样式则是亲本样式的组合。这项技术非常精准，能够在难以依靠形态区分杂交种和亲本物种的情况下检测出杂交种，这对解决之前提到的关于冷蕨属的问题尤为有效。

在发现了一个杂交种并确定其起源后，植物学家将给它起一个名字。这个名字可以按照"公式"或者双名法来拟定。"公式"包括两个亲本的名字，乘号"×"在其之间，例如 *Adiantum latifolim×A. petiolatum, Psilotum complanatum×P. nudum* 和 *Tectaria incisa×T. panamensis*。与此相比，杂交种双名法，更像一个常见的学名，只是在种加词前有一个"×"，比如 *Adiantum×variopinnatum*（*A. latifolium×A. petiolatum*），*Asplenium×lancetillanum*（*A. platyneuron×A. rhizophyllum*）和 *Lygodium×lancetillanum*（*L. heterodoxum×L. venustum*）。这样看来，杂交种最好的命名方式是双

名法而非公式。双名法有更好的稳定性，而公式容易更改。如果亲本的名称发生改变，公式名称也随之改变。当更早的一个名字被发现（植物学命名法规规定，要使用最早的合法名称），或者当名称随后被处理为另外一个种类的异名（将两种"合并"为一种），或者当亲本组合较原先所提出的假设有所变动，都会出现这样的状况。这些状况不会影响双名法的使用，无论发生什么，名称都将稳定地使用下去。

北美、欧洲和亚洲日本的杂交和多倍化研究已经比较透彻，然而蕨类和石松类植物最丰富的热带地区所受到的关注还很少。根据目前的研究，几乎可以肯定，这两种现象在温带地区会十分普遍。它们现在是推动演化的机制，可促使新的物种形成，让未来的蕨类和石松类植物可以产生更多新奇的生命形式。

第
二
章

蕨类植物的
分类

7. 默默无名的拟蕨类植物

拟蕨类植物——即石松类、木贼类和松叶蕨类——同爱尔兰麋鹿、巴拿马草帽和丹麦酥皮饼有什么相同之处吗？它们命名全都错了。爱尔兰麋鹿既不是爱尔兰特有的，也不是麋鹿。它是一种鹿，而且是有史以来最大的鹿。真正的巴拿马草帽是在厄瓜多尔制作的，而非巴拿马；19世纪时，这种帽子被航运到了巴拿马地峡售卖，或者到达了更远的地方。丹麦酥皮饼最早来源于奥地利。它们和丹麦的关联始于为了缓和面包师罢工的影响而把维也纳的面包师带到哥本哈根的年代。同样，所谓的拟蕨类植物其实并不是与蕨类植物亲缘关系最为接近的一类植物。它们中既有蕨类植物，比如木贼类（木贼属）和松叶蕨类［松叶蕨属和梅溪蕨属（*Tmesipteris*）］，也有和蕨类植物的亲缘关系不如种子植物的，比如刚才所提到的石松类［水韭属（*Isoetes*）、卷柏属（*Selaginella*）、石松属（*Lycopodium*）、小石松属（*Lycopodiella*）和石杉属（*Huperzia*）］。我们很有必要去审视一下它们间亲缘关系的证据——是什么使得旧名词"拟蕨类"被淘汰，因为其中的故事不仅和陆生植物演化有关，还和始于20世纪90年代的生物学分类革命息息相关。

从表面上来看，拟蕨类植物（图29）和蕨类植物有着明显的区别，

蕨类植物的秘密生活

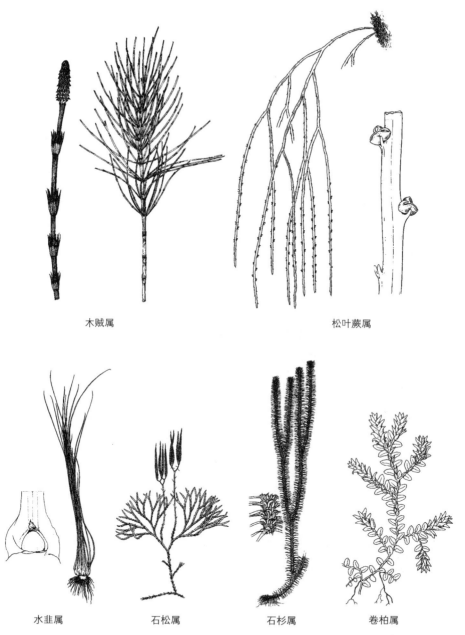

木贼属   松叶蕨属

水韭属   石松属   石杉属   卷柏属

图 29 所谓的拟蕨类植物。木贼和松叶蕨现在归属于蕨类植物。和蕨类植物关系更为接近的是种子植物，而非石松类植物（图下面一行）。松叶蕨属、石杉属和石松属图：Mickel and Beitel 1988；水韭属和卷柏属图：John Mickel。

因此，它们中的一些成员有的时候会被归在和蕨类植物不同的一组当中。18世纪中期，林奈将卷柏（*Selaginella*）、石松（*Lycoodiaceae*）和松叶蕨（*Psilotaceae*）等植物和苔藓分在一起，它们在某种程度上是有些相似。他还将木贼、水韭（*Isoetes*）和蕨类植物分在了一起，但是把它俩分别放在了一头一尾。直到19世纪，植物学家们才开始猜想所有的拟蕨类植物和蕨类植物是有关系的。它们的相像之处在于都通过孢子进行扩散和具有内生维管组织。按照这两个特征定义的话，拟蕨类植物和蕨类植物看起来是有不小关系的，它们组合成了独立的一群植物，一群和苔藓（苔类、角苔类和藓类）与种子植物（裸子植物和被子植物）不同的植物。

19世纪50年代，植物学家们研究出了拟蕨类和蕨类陆生植物的基本生命周期，将拟蕨类植物和蕨类植物归在一起的观点得到了进一步的支持。这个周期中包含了两个不同的相互交替的生命过程——配子体和孢子体，它们使得植株有了"双重"的生命（第1篇）。在拟蕨类植物和蕨类植物中，这两个过程是彼此独立和自由生长的，在植株体和生长上都与另外的部分相独立。这进一步地把拟蕨类植物和蕨类植物，与苔藓和种子植物区分开了；在苔藓和种子植物中这两个过程都是需要依赖其中某一方的（苔藓是配子体占主导，而种子植物是孢子体占主导）。拟蕨类植物和蕨类植物的关系看起来更紧密了，这很快地影响到了整体的分类框架。绝大多数的分类系统中，拟蕨类植物和蕨类植物被统一称为"蕨类植物门"[1]（Pteridophyta），从而与苔藓植物门和种子植物门（种子

1— 传统分类中，蕨类植物一般分为松叶蕨类、石松类、木贼类和真蕨类，通常称真蕨类为蕨类植物（ferns），而将其他三类称为拟蕨类植物（ferns-allies），而现在的分子系统学研究表明，松叶蕨类、木贼类都属于蕨类植物，而石松类为一个独立的类群。

蕨类植物的秘密生活

植物）相区别。在蕨类植物门中，蕨类植物和许多拟蕨类植物在分类等级上是平等的：蕨类植物为水龙骨纲，石松类植物为石松纲，木贼类为木贼纲，还有松叶蕨类为松叶蕨纲。后缀"纲"指的是分类学上的一个等级。有时植物学家也会用不同的等级来对它们进行分类，因此在称呼上会有一些变动，但是大多数的类群还是为大家所公认的。这样的分类系统反映了那个时代最好的认知水平，持续了将近一个世纪之久。

人们第一次对当时流行的分类系统的怀疑发生在 20 世纪最初的十年里。哈佛大学的植物解剖学家爱德华·C.杰弗里（Edward C. Jeffrey）指出，蕨类植物和种子植物都具有大型的、复杂的叶片和相似的被称为叶隙的特殊解剖结构，叶隙位于叶片与茎分离处的维管组织中（叶隙通常被未分化的组织或实质所填充）。除此以外，两者都有生于叶片下表面的孢子囊[1]。相较之下，石松类植物具有简单的、完整的、单脉的、缺少叶隙的叶片，且在叶片的上表面或者叶与茎之间生有孢子囊。至于木贼，它们有着不同于其他任何类群的叶片（图 65），法国古生物学家伊利·安托万·奥克塔夫·里尼叶（Elie Antoine Octave Lignier）指出一些早期木贼的化石有宽阔的叶片，因此木贼类的叶片可能是由于演化而缩小的结果。这些特征表明，蕨类植物、木贼类植物和种子植物与石松类植物相比，可能有着更为接近的关系。

从 20 世纪 30 年代开始，许多化石的陆续发现揭示了一些最古老的陆生维管植物的样貌。这些植物出现于距今 4.3 亿年的志留纪早期，那时海洋中出现了大量的生命——巨大的头足类动物、甲胄鱼、三叶虫

---

1 — 在真花学说中，被子植物的花源自已灭绝的具有两性孢子叶球的本内苏铁，孢子叶球上的苞片演变成了花被，小孢子叶演化成了雄蕊，大孢子叶则演化成雌蕊（心皮）。

以及广翅鲎，但是陆地上还了无生机、空空如也，大量裸露的岩石被稀疏的藻类和苔藓所点缀着。湿润海岸边缘沿线和泥沼地里出现了最早的维管植物，它们长得很像一个植物早期的设想，而非真正的植物模样。它们缺少根和叶，仅仅由立体分枝的 Y 状绿轴组成。（我们不能称呼这些轴为"茎"，因为从定义上来说，茎是叶片发生的地方，而这正是它们所缺少的。）这些植物呆板地立于地面之上，可一点也不像它们的绿色藻类祖先，个头通常低于 12 英寸（30 厘米）。在每个轴的中部有一条维管组织，用以输送水分和矿物质。轴的表面覆盖着由脂肪性物质构成的角质，以防止水分流失，每个轴的顶端生有一个孢子囊，装满了孢子（图30）。这些孢子的外壁十分厚

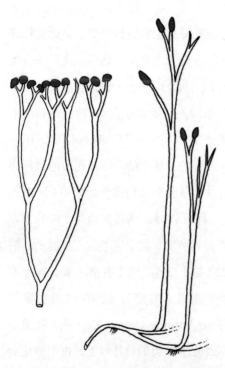

图 30 两种早泥盆纪的早期陆生植物：顶囊蕨（*Cooksonia caledonica*，左）和阿格芳蕨（*Aglaophyton major*，右），枝顶生有孢子囊。图参照：Edwards 1986。

蕨类植物的秘密生活

密，覆盖着在空气流动时防止孢子被风吹干的孢粉素。这些先锋植物遍布地球的每一个角落，让枯黄的大地充满了绿色。它们化作了土壤，增加了大气中的氧气含量，为动物踏上陆地开辟了道路。

这类早期的维管植物中的一些成员演化成了一类被称为工蕨的植物，它们现在已经灭绝了。这类工蕨不同于其祖先，它的轴侧生有几个或多个孢子囊，而非孤零零地生长于顶端，这些孢子囊有短枝且呈肾形，而非无柄和卵圆的（图31）。这类植物中许多种类的轴的分枝都不规则，这时有一类植物的轴增厚增大，使得分枝的植物有了明显的连接侧枝的主茎。从分枝表面生出软质突出的组织，可以增加表面的光合作用。这些突出的组织无法定义为叶片，因为它们缺

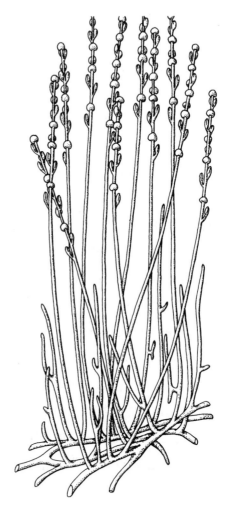

图31 早泥盆纪的工蕨（*Zosterophyllum myretonianum*）。工蕨的鉴别特征是生于轴上部侧枝而非末端的蚌状孢子囊。图参照：Kenrick and Crane 1997。

少叶脉，仅可以称为"突起"。石松类植物就是从这些不规则分枝的、密布着突起的、生长着侧生的孢子囊的植物中演化而来的。

石松类植物有着两个十分明显的特征。第一个特征是小孢子叶的上表面或是腋部生有单一的孢子囊，腋部即茎和叶片上表面的夹角处（图29）。这个特征和蕨类植物迥然不同，蕨类植物的孢子囊生于叶片的下表面。

石松类植物第二个标志性特征是拥有一类被称为小型叶的独特的叶片类型，小型叶的特点是单一（不分裂）、完整和单脉（彩图11）。小型叶是无柄的——不像大多数蕨类植物和双子叶植物那样是有柄的。虽然小型叶的意思是"小叶子"，然而这却是个有些许误导性的术语。多数的小型叶都比较小——通常小于3/4英寸（2厘米）长，但是有些水韭属的植物叶片可长到3英尺（1米）长。树状石松类植物（鳞木）拥有同样长度的叶片，它曾经占据了石炭纪的成煤沼泽（第11篇）。

没有人能肯定地回答小型叶是如何演化而来的。有一个理论——突起理论，认为小型叶是维管束化的突起，也就是说突起是由叶脉所支撑的（图32）。另一个理论说的是小型叶是一些类似于工蕨祖先的侧生孢子囊的变型。无论它们是如何演化而来的，小型叶是石松类植物的特征，一种完完全全不同于蕨类植物和种子植物的大型叶或真叶特点的叶片类型。

大型叶演化自早期维管植物立体的、具有光合作用的分枝系统，经历了三个步骤（图33）。第一步，分枝系统变成了一个扁平的平面。第二步，绿色的片状组织在已经扁平化了的分枝系统间不断发展，充满了分枝间的空间且形成了类似于网状的叶片。最后，一些分枝要比其他分

　　　　　　　　　　　　　　　　　　蕨类植物的秘密生活

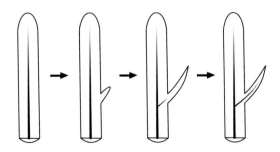

图32 石松类植物的特征，小型叶的演化过程，根据突起理论而绘。从左到右：早期维管植物裸露的轴；突起形成；叶脉从维管束中部延伸至突起基部；叶脉延伸进突起形成小型叶。

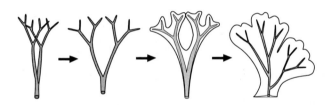

图33 大型叶的演化过程，大型叶是蕨类植物和种子植物的特征。从左到右：早期维管植物的立体分枝系统；分枝系统扁平化至一个平面上；分枝间发生联结；伸展得更长的部分成为主脉，次级的分枝成为侧脉。

枝伸展得更长，产生了一个明显的中心分枝（主脉）和从属的侧枝（侧脉）。最终的结果就是形成了宽阔的具有叶脉的叶子。我们可以从化石记录中看到发生于扁平化、网状化和超出其他分枝这几个过程中一系列的过渡状态。事实上，有的化石刚好处在中间的过渡状态，很难判断它们代表着茎还是叶。植物学们一直在争论这样一个问题：大型叶从蕨类植物和种子植物的共同祖先起源的过程中，究竟是只发生了一次演化，还是历经了多次的演化？没有人能确定究竟是什么引发了大型叶的演化；在陆地植物最早生存的 4000 万年里，它们没有大型叶也活得很好。大型叶最早出现于距今 4.1 亿年至 3.63 亿年间的泥盆纪，当时大气中二氧化碳的浓度下降了大约 90%。有些植物学家认为这次的二氧化碳的浓度下降为大型叶的演化提供了条件，因为它们有更大的表面积，从而具有更高效的吸收二氧化碳的能力（Kenrick 2001）。

从化石和解剖学中得到的证据，揭露了早期陆生维管植物演化时期工蕨—石松家族与其他维管植物的明显差异。这种差异进一步被 DNA 证据所支持。石松类植物和真蕨类植物、木贼类、松叶蕨类以及种子植物相比，在六个基因当中的碱基对序列有不同。而且，石松类植物的叶绿体 DNA 中有一个重要的结构差异：一段有 3 万个碱基对的区域和蕨类植物与种子植物相比发生了颠倒。由于该区域的位置在石松类植物中，和苔藓植物与绿藻一样——更早发生演化的类群，演化学家们推测，石松类植物仍然保持着祖先的未发生颠倒状态的基因，而蕨类植物和种子植物从近代的祖先中继承了发生颠倒状态的基因，两者的祖先并不相同。换言之，蕨类植物和种子植物两者间的关系比它们与石松类植物的关系更加接近。（图 34）

那是否这样就该把石松类植物定义为"拟蕨类植物"呢？把"拟蕨类植物"安到水韭属、卷柏属、石松属、小石松属和石杉属头上是完全错误的。真正的"拟蕨类植物"应当是种子植物，它和蕨类植物拥有一个较近的共同祖先。

那对于其他的拟蕨类植物，如松叶蕨和木贼来说，又是如何呢？它

　　　　　　　　　　　　　　　蕨类植物的秘密生活

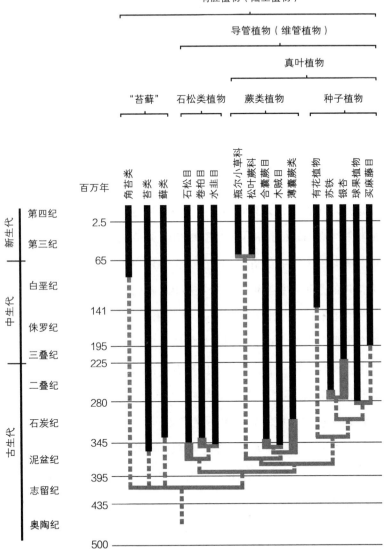

图34 陆生植物类群的演化。黑色粗线代表化石记录；灰色线为现存谱系的近缘类群化
石记录；灰色虚线代表缺失化石记录。图参照：Schneider et al. 2002。

们的叶绿体 DNA 中同样有 3 万个颠倒的碱基对，这一特点把它们和蕨类植物与种子植物联系在了一起。具体点来说，DNA 序列研究表明，在生命之树上它们是嵌套在蕨类植物中的。松叶蕨科（松叶蕨属和梅溪蕨属）和瓶尔小草科（Ophioglossaceae）在同一支，木贼类（木贼属）和合囊蕨科（Marattiaceae）在同一支（图 34）。现在，松叶蕨和木贼都不应该被叫作拟蕨类植物，它们是蕨类植物。

　　发现了它们的关系后迫使植物学家们要改变他们的分类系统。分类的首要目标，也是系统植物学家努力实现的，是反映最近的共同祖先，因为这是对生物为什么有同样的特征这个问题的最好解释。现在几乎所有的植物学家都反对将石松类植物和蕨类植物（真蕨类）归为一个狭隘的"蕨类植物"的类群中。这个类群之所以不被接受是由于蕨类植物最为接近的是种子植物而非石松类植物。尽管石松类植物、蕨类植物和种子植物在很久很久以前拥有一个共同祖先，但是所谓的"蕨类植物"的这个类群没有包含这个共同祖先的所有后代，因为它将种子植物排除在外了。没有包含一个共同祖先的所有后代的类群，术语上叫并系。并系类群的问题在于永远会包含至少一个成员更接近于某些于该类群之外的物种。植物学家们现在想系统定义一个类群，希望其包含了一个共同祖先的所有后代，即单系类群。石松类植物是一个单系类群，可以被称为是石松亚门（Lycophytina）。蕨类植物和种子植物形成了另一个单系，命名为真叶植物（Euphyllophytina）。

　　现在的分类系统中用的这些名字和 19 世纪那时所建立的系统中的名字已经大不相同了。来自比较形态学、化石和 DNA 序列的新证据，使得现代分类系统应运而生，这也反映出了植物学家评估这些显示演化

　　　　　　　　　　　　　　　　　　　　蕨类植物的秘密生活

关系的性状的标准在发生转变。早先的植物学家不总是能区分两种基本的性状类型：祖征和衍征。祖征是某一特殊类群祖先所出现的性状。举例来说，在维管植物中，蕨类植物的生活周期（第一章）是祖征的，因为这出现在最早的陆生维管植物中。与此相反，衍征则是某一特定类群祖先所不具备的，是后来演化而来的。衍征的例子就是石松类植物的小型叶和蕨类植物与种子植物的大型叶——它们的祖先最初都是没有叶子的。确定演化关系的时候，最基本的是需要辨别性状是祖征的还是衍征的，只有衍征才能表明亲缘关系，而非祖征。

拟蕨类植物的土崩瓦解，恰恰说明了发生于 20 世纪 90 年代的植物系统学革命。新的分析资源（DNA 和化石），更好的方法（分析大型数据集合和演化树发生的计算机算法），以及理论进步（只有衍征应该被用于判断亲缘关系）组合在一起，推动了推断演化关系的惊人进步。这些以演化树的形式所展示的亲缘关系，作为一个框架，服务于解决生物地理学问题、形态学和其他性状的变化，以及演化本身。将所有的这些进步及其有关的信息应用在分类系统中，系统学家迎来了一个前所未有的激动人心的时代。

8. 蕨类植物大家庭

　　虽然很多人都认识蕨类植物，但是要让你给蕨类植物下一个定义，可能一时半会儿也说不清。大多数人都以为蕨类植物就是一类有着大大的、漂亮的、多裂叶片的植物，但是蕨类植物中有很多例外；事实上，全世界蕨类植物最大的属之一，舌蕨属（*Elaphoglossum*）的大多数种类的叶片都是不分裂的（图 16 和彩图 10）。我特别希望可以指出一个单一的、明了的特征，然后说："这个植物如果有这个特征，那它就是蕨类植物。"但我没法这样做。最好的结果就是给出一些大多数时候管用的办法。几乎所有蕨类植物在萌芽时，都有螺旋盘绕的幼嫩叶片（小提琴头，即拳卷幼叶；图 100 和图 101），然而也有少部分蕨类植物不具备这样的特征，而且有两种苏铁属植物萌芽时，叶片也是螺旋盘绕的。很多蕨类植物在叶柄的两侧会有一列曝露于空气中的浅色线状组织（呼吸通道或气囊体，Davies 1991）。在有的蕨类植物中，缺少或很难看见这些线状组织（图 45），但是如果你看到了这些组织，则可以肯定这是蕨类植物，因为这在别的植物里没有。

　　如果没有一个单一的特征来定义所有的蕨类植物，那我们怎么能够确认蕨类植物形成了一个自然的，或者说单系的类群——专业的分类系统的基本原则？我们知道蕨类植物确实形成了一个自然的类群，因为和其他植物相比，它们的 DNA 序列更具相似性（第 7 篇）。基本上，这些 DNA 序列可以让我们确定一类植物是否应当被称为蕨类植物。尽管这不像能够给出一个形态特征那样让人满意，然而让人欣慰的是 DNA 研究在很大程度上支持了传统的观点，也就是蕨类植物由哪些植物类群构成。

DNA 研究的结果通常呈现一棵演化树或演化分支图——展示演化分支方式、最近共同祖先以及各分支间关系的图表。演化分支图为解释蕨类植物主要类群间的亲缘关系提供了一个绝佳的构架（图 35）。为了方便表示，这里采用"目"的分类等级，即瓶尔小草目（Ophioglossales）、合囊蕨目（Marattiales）、木贼目（Equisetales）、紫萁目（Osmundales）、膜蕨目（Hymenophyllales）、里白目

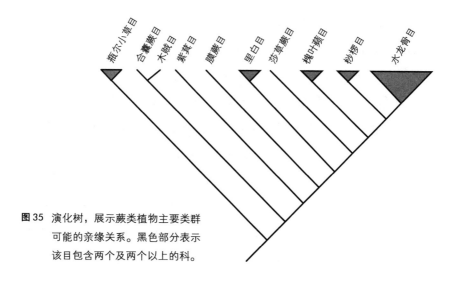

图 35 演化树，展示蕨类植物主要类群
可能的亲缘关系。黑色部分表示
该目包含两个及两个以上的科。

（Gleicheniales）、莎草蕨目（Schizaeales）、槐叶蘋目（Salviniales）、桫椤目（Cyatheales）和水龙骨目（Polypoadiales）。和蕨类植物的整体情况不太一样，这些"目"大多是有着容易辨别的形态特征。

蕨类植物演化树基部出来的第一个分支瓶尔小草目和其余的蕨类植物（按照专业术语，演化学家称瓶尔小草目为其余蕨类植物的姊妹群，反之亦然）。瓶尔小草目由瓶尔小草科（Phioglossaceae）和松叶蕨科（Psilotaceae）两个科所组成。它们都有生于地下的、非绿色的、与真菌共生的配子体（几乎所有其余的蕨类植物都有生于地表的、绿色的、非与真菌共生的配子体）。它们还拥有简化的根系，根不具分枝且缺少根毛，在松叶蕨中，根则完全消失了。另外，这两个科的植物和其他蕨类植物看起来十分不同，很容易辨认。

瓶尔小草科十分独特，因为它的叶片分为两个部分：不育叶和可育的孢子囊穗（图36）。其他的蕨类植物则不会有这样的特征。该科中有阴地蕨属和小阴地蕨属，还有掌叶箭蕨属（*Cheiroglossa*）和瓶尔小草属（*Ophioglossum*）。瓶尔小草属又名蛇舌草（adder's-tongue），这源自它可育的孢子囊穗和蛇的芯子看起来有几分相似。

瓶尔小草科的姊妹群是松叶蕨科，松叶蕨科由松叶蕨属和梅溪蕨属组成。这两个属的植物缺少根和叶，它们的孢子囊分为几个部分——在松叶蕨属中为三部分（图29），在梅溪蕨属中则为两部分——此类情况仅合囊蕨目中还有出现。松叶蕨属（彩图20）广布于热带和亚热带地区，通常生长在树蕨的根被上，或是充满腐殖质的棕榈老叶间，尽管有时也会傻傻地生长在贫瘠的土壤上。梅溪蕨属仅生长于澳大利亚、新西兰和西南太平洋上的一些小岛之上，主要以附生状态生长于树蕨树干上

　　　　　　　　　　　　　　蕨类植物的秘密生活

阴地蕨

小阴地蕨

瓶尔小草

掌叶箭蕨

图36 瓶尔小草科，特征为叶片分为进行光合作用的营养叶和直立孢子囊穗。
作者绘图。

覆盖的纤维状根柱上。因为它们看起来和大多数的蕨类植物都不太像，
尽管它们同样依靠孢子散播繁殖，拥有可以自由生活的配子体和孢子体
世代，但松叶蕨科长期被排除在蕨类植物外。然而，DNA 证据却将松
叶蕨科置于蕨类植物之中，它是瓶尔小草科的姊妹类群。

下一个分支是演化树上的合囊蕨目，这一类群的植物在蕨类植物家族里有着最久远的化石记录。（如图 35 所示，瓶尔小草目应该是更古老的支系，但矛盾的是，松叶蕨科和瓶尔小草科都没有相应的早期化石记录出现，直到相对近期的早第三纪才有。）合囊蕨目的祖先第一次出现于距今 3.4 亿年的石炭纪初期，那也是第一批脊椎动物经历从海洋生活到陆地生活转变的时期。那时动物爬到陆地上，合囊蕨目的树蕨——辉木（*Psaronius*）——正在岸上等着迎接它们。

合囊蕨目很容易辨识。它们有着成对的、肉质的耳状附属物——托叶——连接叶柄和茎（图 37）。其他的蕨类植物则没有托叶，就算有

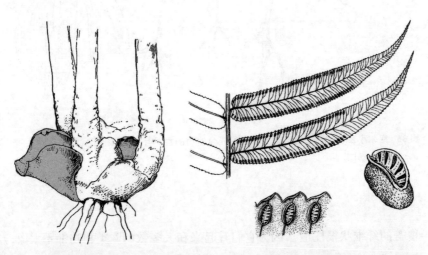

图 37　以唇囊蕨属为例展示合囊蕨科的特征。左图，托叶（一对阴影部分）位于叶柄基部的两侧。右图，羽片和孢子囊群特写，以及一个独立的聚合孢子囊。裂缝位于独立孢子囊的顶部，孢子囊聚合成一个复合的孢子囊群（聚合孢子囊）。图片来自：Mickel and Beiteal 1988。

　　　　　　　　　　　　　　　　　　　　　蕨类植物的秘密生活

的话，也没有人知道它们会有什么用处。可以将托叶切下来栽于土中来繁殖植株。我纽约植物园的同事约翰·迈克尔曾写过一篇文章叙述如何来做这件事，题目为《唇囊蕨属的托叶繁殖》（John Mickel, Marattia Propagation Stipulated, 1981）。

合囊蕨目的另外一个与众不同的特征是叶上圆柱状的膨大结构。这些膨大发生在叶柄的基部，沿着叶柄（一些种类中）或者沿着连接羽片的中脉生长。其他蕨类植物则没有这样的膨大结构，这个结构称为"叶座"，但是合囊蕨目没有豆类植物那样真正的叶座，因为缺少可逆的弯曲动作，即叶片或小叶上下运动［含羞草（*Minosa pudica*）的小叶会因触碰而合拢，在不受干扰的情况下会慢慢展开，这可能是最广为人知的一个例子了］。合囊蕨目还有一个特殊之处是其孢子囊，它不仅大而且聚合、横向排列构成复合孢子囊群（仅有一个例外）。复合孢子囊群的开口有一连串独立的（但聚合的）孢子囊末端的小口或者裂缝（图37），孢子则通过孢子囊上的这个小口或裂缝散播出去。

一项最新的引人注目的发现——基于 DNA 证据——表明，木贼属在演化树上与其他蕨类植物是嵌套在一起的，和合囊蕨科或紫萁科的亲缘关系接近（Pryer et al. 2001）。换句话说，木贼属于蕨类植物。从来没有人对木贼不属于蕨类植物这个论断产生过怀疑，是因为木贼的模样实在不像蕨类或其他物种，它有着分节的、绿色的、可进行光合作用的茎，以及高度简化的叶片、轮生的枝条和生于末端的孢子叶球（图50和第12篇）。

在蕨类植物的演化树上，位于合囊蕨目和木贼目之上的是其余所有的类群组成的薄囊蕨类（leptosporangiate）。它们的特点是有一层细

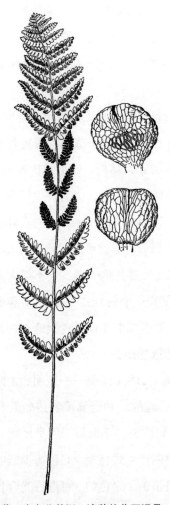

图38 绒紫萁，产自北美洲，该种的化石记录
比任何其他的蕨类植物都要久远，可追
溯到2亿年前的晚三叠纪。右图是两种
不同视角下的孢子囊，上面一张展示由
增厚的补丁状细胞构成的环带。

胞厚度的孢子囊，前缀 lepto 就是
希腊文中"薄的"的意思。这使得
它们区别于前面所讲的几个科的
蕨类植物（孢子囊为多层细胞的厚
度），以及所有的石松类植物和种
子植物。从植物发育的角度来说，
薄孢子囊源自叶片表面的一层细
胞，然而厚壁的真孢子囊源自叶片
之下的几层细胞。

这第一类薄囊蕨类是紫萁目，
包含著名物种高贵紫萁（*Osmunda
regalis*）、分株紫萁（*O. cinnamomea*）
和绒紫萁（*O. claytoniana*，图38）。
各类植物的记录可以追溯到距今
2.1亿年的中生代早期，那是第一
只恐龙漫步于地球的年代。这类
蕨类植物的特点之一是坚硬的、重
叠的、直至茎部的叶基而形成的
"茎甲"。叶基和茎共同组成了一种
复合的茎干（图84）。中生代时期，
此类强健的茎干让很多种类可以保
持直立和长成树状（彩图16）。"茎
甲"还有可能保护茎干免受食草动

　　　　　　　　　　　　　蕨类植物的秘密生活

物的伤害，也许有些恐龙遇到此类坚硬的茎会担心把牙齿给硌坏了。

除了盔甲般的茎干，紫萁目还有着独特的孢子囊。它们为球状，通过穿过顶部的裂缝打开（图38）。这些裂缝的开裂由位于孢子囊一侧的增厚的补丁状细胞，即环带所完成。当环带处于干燥状态的时候，这些细胞彼此联结，在孢子囊顶部保持紧实，它一旦开裂，将会把孢子喷射出去。这些孢子是绿色的，而非大多数蕨类植物那样是棕色或者黑色的。在现存的紫萁属种类中可以看到绿色孢子，它们的孢子囊在孢子散播出去前都保持着绿色，但在孢子散播出去后会呈现出暗棕色。

演化树上的下一个类群是膜蕨目，约有600种。它们也有着绿色孢子，但是它们最显著的特点是叶片。在叶脉间，叶片组织仅仅有一层细胞的厚度。这种厚度使得植株看起来薄至透明。大多数膜蕨，如其所名，是热带森林中的小型至中型附生植物。它们在云雾弥漫的森林里很繁茂，叶片很少会变干。在一些云雾弥漫的森林中，膜蕨覆满了树干，以至于遮盖住了树皮。

膜蕨的另一个特殊的方面是它们的孢子囊群。大多数蕨类植物的孢子囊群分布在叶片的下表面，但是膜蕨的孢子囊群却在边缘，在叶脉的顶端。每个孢子囊群被叶片组织特化而成的囊群盖所保护着，囊群盖的特点决定了膜蕨科的两个主要的属：膜蕨属（*Hymenophyllum*）和鬃蕨属（*Trichomanes*）。膜蕨属的囊群盖由两瓣叶片组织构成（图39），然而鬃蕨属中，囊群盖为管状或喇叭状（图40）。除了形状外，鬃蕨属还有着长长的刚毛状囊托（孢子囊所依附的结构），从囊群盖的开口向外伸出。该属的一些种类因此或名"鬃蕨"。与之对应的是，膜蕨属的囊托短而粗硬，藏于囊群盖内。

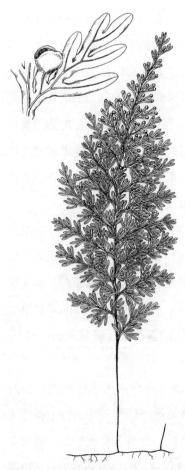

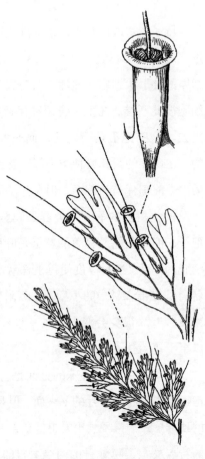

图 39 一种产自墨西哥的膜蕨［多果膜蕨（*Hymenopyllum myriocarpum*）］。双瓣孢子囊（上图）是该属的特征。图片来自：Mickel and Beiteal 1988。

图 40 一种产自墨西哥的膜蕨，喇叭鬃蕨（*Trichomanes collariatum*），展示长着突出的囊托的漏斗状孢子囊。图片来自：Mickel and Beiteal 1988。

蕨类植物的秘密生活

图41 洪都拉斯的叉子蕨（里白科假芒萁属）。

下一个是里白目，主要分布在热带的类群。由四个科组成：燕尾蕨科（Cheiropleuriaceae）、双扇蕨科（Dipteridaceae）、里白科（Gleicheniaceae）和罗伞蕨科（Matoniaceae）。但只有里白科是广泛分布的。里白科的种类通常在陡峭路堤和开放的生境形成大量群落。哪怕是在汽车行驶时经过，也可以很容易地辨识它们，因为它们的羽片以"叉状"的方式不断重复，这也使得它们有了"叉子蕨"这个俗名（图41）。

除了叉状的羽片以外，叶片以一种不同寻常的方式生长，以适应植株茂密的生境（图42）。新叶由茎发生，直立生长一段时间后停止，在顶

图42 叉子蕨叶片生长的特性：（A）一片拳卷幼叶由横走的根状茎上生出；（B）当下方的羽片发育时，休眠芽在顶端形成；（C）羽片展开；（D）芽重新开始生长；（E）芽开始休眠，其下方的另外一对羽片开始发育；（F）羽片展开；（G）这个过程不断重复。通过这种间歇式的生长，一些叉子蕨的叶片能长到20米长，需靠在周围植物上以支撑身体的重量。

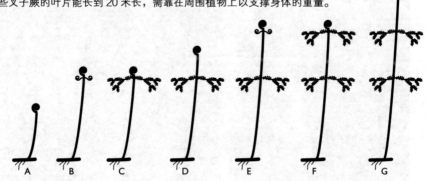

端形成一个休眠芽。这个休眠芽之下的一对侧羽片紧跟着开始发育生长并展开，直至触及周围的其他植株，这些植株可以承担叶子的重量。在羽片展开之后，休眠芽重新开始生长。它仍是笔直生长，在一对新羽片生长之前穿过周围的植株。这种间歇式的生长方式，让叶子可以毫无阻碍地穿越由周围其他植株浓密的侧生羽片所组成的生境——这些羽片会阻碍嫩枝和叶片的生长。由于其"生长—休眠"循环多次重复，有些种类的叶片可以超过65英尺（20米）长，为蕨类王国之最。

接下来是莎草蕨目，一个生长形式多样的类群，但它们有一个统一的特点，即孢子囊完全被近顶端的环带所环绕（图43）。其他的蕨类植物没有这样的环带。莎草蕨目中有两个属值得一提。第一个是海金沙属（*Lygodium*），一类攀缘蕨类植物，通常能在开放的生境或者林缘找到它

　　　　　　　　　　　　　　　　　　　蕨类植物的秘密生活

们。它的茎着生于土壤中，以叶中脉缠绕小枝抬升叶片，叶片抬升可以获得更多的光线（图44）。另外唯一的一类通过叶片中脉缠绕方式攀爬的蕨类植物是水龙骨目乌毛蕨科（Blechnaceae）中分布于美洲热带的属——凌霄蕨属（*Salpichlaena*）。这种缠绕的习性，蕨类植物完胜有花植物，它们没有那种有花植物拥有的攀缘叶。莎草蕨目中另一个要说的属是双穗蕨属（*Anemia*），它通常生长于季节性干旱的地面或者岩石上。双穗蕨属的叶片和多数蕨类植物一样是分裂的，但是在叶片基部生有两片又高又直的可育羽片，羽片仅有少量或没有绿色组织（图43）。这种可育羽片的排列方式在蕨类植物中绝无仅有。

下一个类群是槐叶蘋目，由水生蕨类植物组成，它们产生两类孢子：小的雄性孢子和稍大的雌性孢子——称为异型孢子（第3篇）。槐叶蘋目由5个属组成，两个属［满江红属（*Azolla*）和槐叶蘋属（*Salvinia*）］为浮水植物，另外三个属［蘋属（*Marsilea*）、线叶蘋属（*Pilularia*）和二叶蘋属（*Regnellidium*）］则生长于淤泥中，典型的生境是池塘边和河岸边。作为一类植物，它们却很多样，现在还很难明确地找出它们统一的特征。满江红属，即蚊子蕨，是世界上最小的蕨类植物，叶片仅有1/32英寸长（1毫米；图128）。虽说它个头小，但它却是世界上最重要的、最有经济价值的蕨类植物，因为它被用来作为东南亚稻田的有机肥料（第30篇）。和满江红属相近的是槐叶蘋属，植株由两片浮水的圆形绿色叶片，和一片长于水下的白色似根的叶子组成（图124）。其中一种，人厌槐叶蘋（*S. molesta*，彩图21～23），是对人类侵扰最严重的槐叶蘋属植物，是旧世界（欧洲、亚洲和非洲）和美国南部最恶名昭著的水中入侵杂草，人们为了清理它耗费了大量的人力物力（第29篇）。

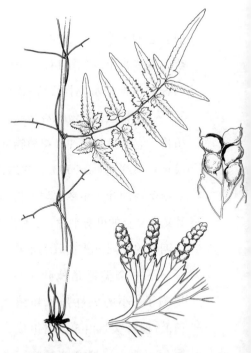

图 43 产自墨西哥的双穗蕨属杂
交种 *Anemia hirsuta* × *A.
phyllitides*。孢子囊完全
被近顶端环绕（细节见上
方图）是莎草蕨科的特征。
图 片 来 自：Mickel and
Beiteal 1988；Campbell
1928（孢子囊）。

图 44 攀爬蕨［秀丽海金沙（*Lygodium venustum*）］。
茎生于土壤中，叶片通过曲折的中脉（叶轴）
爬升。右下图，小羽片上长着指状的延伸的
孢子囊。右图，每个"指头"上的小袋子装
着一个单独的孢子囊（袋中黑色结构）。

　　槐叶蘋目剩下的三个属，归属于蘋科（Marsileaceae），典型的生境是周
期性泥泞的或淹没的浅水区域。其特征是叶柄基部有硬实的、豆子状
的、称为孢子果的繁殖结构（图 132）。重叠的硬实羽片支撑着内部的孢
子囊（图 134 和图 135）。通过叶片数目可以很容易地区分蘋科各属：蘋
属像四叶草一样，具有四片叶子；二叶蘋属有两片叶子；线叶蘋属则没

　　　　　　　　　　　　　　　　　蕨类植物的秘密生活

有明显的叶子，它的叶子由丝状叶柄构成。

　　演化树上的下一个类群是桫椤目，非正式的名称是树蕨分支。该目由两个主要的树蕨科［桫椤科（Cyatheaceae）和蚌壳蕨科（Dicksoniaceae）］和热带的几个鲜为人知的科［瘤足蕨科（Plagiogyriaceae）、假膜蕨科（Hymenophyllopsidaceae）、毛囊蕨科（Lophosoriaceae）和丝囊蕨科（Metaxyaceae）］组成。虽然 DNA 证据很好地支持这些类群有着很近的亲缘关系，但是只有配子体和茎解剖结构的少数微小特征，可用来确定它们属于同一类。

　　大部分的树蕨属于桫椤科或者蚌壳蕨科。桫椤科的特点在于孢子囊群位于叶片下方，茎干和叶片上有鳞片（图 45）。蚌壳蕨科孢子囊群位于叶片边缘，有着毛茸茸的绒毛而非宽阔平展的鳞片（图 46）。

图45　树蕨类桫椤科的特征：位于叶柄基部的平直的鳞片（左图）和位于叶片下部的孢子囊群（右图）。

图46 树蕨类蚌壳蕨科的特征：叶片上柔软绒毛（下图）和沿着小叶边缘生长的孢子囊群（上图）。囊群盖由两个瓣膜组成，使得孢子囊群有了蚌壳般的模样。

水龙骨目是最后的一个类群——世界上最多样的、最常见的蕨类植物。全世界将近80%的蕨类植物属于该目，有将近12,000种和250个属。该类群遍布全球，生长在每一个大洲（当然，除了南极洲，这里仅有两种维管植物生长，没一种是蕨类植物）。水龙骨目通过孢子囊的环带区别于其他的类群，环带部分环绕孢子囊并止于孢子囊柄（图2、图5和图12）。由于环带没有完全环绕孢子囊，所以可以说它不完全或是被孢子囊柄所中断。这和薄囊蕨类的其他目形成了鲜明的对比，其他目中环带通常绕过孢子囊柄环绕着这个孢子囊，形成了一个完整的环形。虽说孢子囊样式特立独行，然而水龙骨类植物却十分多样。虽然聊到该目主要的一些科和古怪的植物会很引人入胜，但是本篇主要讲述的是蕨类植物主要类群的一些概况。

9. 属名的由来

　　了解蕨类植物的名字（属名）可以为你打开一扇认识蕨类植物学的大门。通过这些名字，你可以了解建立这门学问的那些人的那些事，那些将许多未知的、奇妙的蕨类植物带回欧洲的探险旅行故事，还有许多和这些植物有着某种关联的古老文化。大多数的名字取决于蕨类植物本身的属性，从习性、生境到孢子、孢子囊和叶片，还有它们的生活周期。

　　在我们打开这扇大门之前，需要了解一下这些名字如何开始被人们所使用的背景知识。从15世纪到18世纪中叶，欧洲的草药医生和"自然哲学家"会使用一些短语来给植物命名，通常非常地简短，有时也会比较长。这些名字，也就是用"多名法"所起的植物名称，都是用拉丁文所写的，19世纪40年代以前，这种"混合语"是当时科学通讯中最常被书写和用于口语中的形式。以巢蕨为例，它被称为"*Asplenium frondibus simplicibus lanceolatis integerrimis glabris*"，意思是"长着全缘、柳叶形、无毛叶片的铁角蕨属植物"。多名法的目的有两个：一是易于引用；二是通过简短的描述可以方便区分近似的物种。

　　多名法曾在北欧取得了不错的效果，那里植物种类相对较少，但到了18世纪初期，一些问题便接踵而至。大航海时代为欧洲带回了成千上万种前所未见的植物，尤其以热带的为多。为了区分这些新物种，多名法命名的名字不得不变得越来越长，因为随着物种的增加，需要用更多的特征来进行区分。当名字变得越来越冗长，不同书籍间的相互引用便成了噩梦，这些植物名称在引用的时候会有变化。不仅如此，随着多名法命名的"加长"，植物名称越来越难以被记忆和念出来。博物学似乎快要因为这个问题陷入"崩塌"的境地。

最终在 1753 年，卡尔·林奈开创了一套植物命名系统，让稳定和秩序得以出现。《植物种志》（*Species Plantarum*）是一本给当时已知植物种类编目的著作，在此书中林奈像前人一样给每个物种都起了一个多名法名称，但有所不同的是，他在每个名称的旁边印上了仅由一个独立的单词所构成的"俗名"，这个"俗名"是一类简短的和该种植物相关的名称。这些"俗名"变得流行起来。于是植物学界很快采用了这种"俗名"，将它和属名相结合，用两个词来代表物种，也就是所谓的双名法。相对于"*Asplenium frondibus simplicibus lanceolatis integerrimis glabris*"，取而代之的是"*Asplenium nidus*"，人们更喜欢后者（彩图 3），"*nidus*" 这个词就是林奈所用的"俗名"。双名法一直沿用至今天，但我们这里所说的这个"俗名"是指物种的种加词。属名和种加词合在一起就构成了物种的种名。（请注意，一个单独的种加词不是一个物种的名称，这个物种的名称必须由属名和种加词共同组成。我承认，这个概念的确是有点过于苛刻。）

因此，属名开始应用于生物系统之中。自 1753 年以来，有超过 1000 个关于蕨类和石松类植物的属名被提出，但是现在仅有 350 个左右被大家所接受。无论这些名字是否为大家所接受，这或多或少地展现了蕨类植物的多样性。

有一些蕨类植物的名字过于古老，以至于它们的由来或已不可考，或仅仅模糊地出现于历史中。举个例子来说，*Osmunda*（紫萁属）可能是由拉丁文的 *os*（骨骼的意思）和 *munda*（治疗）所组成，因为这类蕨类植物的根曾被用于治疗佝偻病。或者有可能来源于拉丁文 *mundae*（清洁之意），因为它曾被医用于清洁骨头。然而，另一个可能性是它来源于 Osmunder，撒克逊战神；或者来自于泰恩河湾的奥斯蒙德（Osmund）的故事，当丹麦人侵袭苏格兰的时候，他将自己的妻儿藏匿于这种茂密的如苔藓一般的蕨类植物丛中。至于哪一个说法才是真的，人们无从判断。

有一些名称是从古希腊流传至今的，这使得我们可以更有把握地去判断这些名字的由来。在古希腊的词汇中，往往用 *pteris* 来表示蕨类植物，源自 *pteron*，翅膀或者羽毛的意思，有可能是指某些蕨类植物的样子像羽毛一般。现在 *Pteris* 则指的是主要分布于热带的凤尾蕨属，该属大概有 250 种左右。［顺便说一句，这个 *p* 在 *Pteris* 中是不发音的，尽管在 *Cystopteris*（冷蕨属）、*Dryopteris*（鳞毛蕨属）和 *Haplopteris*（书带蕨属）中 *p* 是发音的。］另外的一个源自古希腊的名字是 *Adiantum*，铁线蕨属。它源自 *adiantos*，不可润湿之意，指的是其叶子不会被水打湿。当水落到叶片上时，一下子变成了银灰色的小水珠很快就滚了下去。很早以前，有一些古希腊人认为既然动物有雌雄之分，那么植物也应该是这样。因此，他们使用了 *Thelypteris*（沼泽蕨属），来源于 *thelys*，即雌性的意思，加上 *pteris*，即蕨类植物，来命名这类有着优美形态的叶片的蕨类植物（故此更有雌性气质），而另外一类看起来比较粗犷的则是"男蕨"[male fern，现在被称为欧洲鳞毛蕨(*Dryopteris filix-mas*)]。古希腊人还认为某种铁角蕨(我们不确定究竟是哪一种)对治疗脾脏疾病很有用处。由此，铁角蕨(*Asplenium*)源于希腊文 *splen*，也就是脾脏的意思。[铁角蕨属中有的种类有时会被划分出一个单独的属，即药蕨属(*Ceterach*)，源自 *sjetrak*，这是波斯医生对这些植物的一种古老的称呼。]

希腊神话故事中的神灵和英雄的名字也成了一些蕨类植物的属名，尽管这些名字不是古希腊人自己用的，只是被现代人所采纳和使用。连珠蕨属(*Aglaomorpha*)源自希腊神话中的美惠三女神之一的阿格莱亚(Aglaia, *aglaios*，即优美的)，再加上 *morphe*(模样)组合而成。大概是由于这个希腊女神和这类植物一样有着优美的姿态而以之命名。除此之外，艺术家、诗人和音乐家也是植物学家命名植物的灵感来源。留香蕨属(*Melpomene*)，即悲剧女神墨尔波墨的名字，间接地被用来纪念研究该属的美国蕨类植物学家厄尔·L.毕肖普(Earl L. Bishop，1943~1991)，因为艾滋病他在研究结果发表之前就不幸逝世了。露蒿蕨属(*Terpsichore*)，即主司舞蹈的缪斯忒耳普西科瑞，把她的名字用于这个属，来表明这个属植物的叶子在热带树木枝干上摇摇晃晃时，就好像它们随风起舞一样(图 47)。

蕨类植物的属名中也能找到一些凡人的名字，由此它们也成为了永久的纪念。有一些是旅行家或者采集家，他们将所采集到的标本寄送给世界主要的标本馆中的植物学家，为了纪念他们所做出的贡献便用他们的名字来作为植物的属名。获得如此殊荣的有瑞士采集家埃德蒙·达瓦尔(Edmond Davall，1763~1798)，骨碎补属(*Davallia*)便是为了纪念他而命名的。金其属(*Llavea*，图 48)则是以墨西哥旅行家巴勃

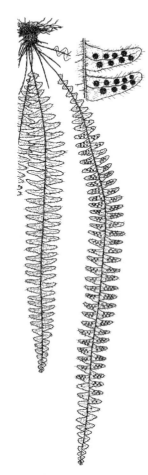

图48 特产于墨西哥和危地马拉的心叶金萁（*Llavea
cordifolia*），以墨西哥旅行家巴勃罗·德拉利亚韦命名。
狭长的部分为其孢子叶，特写（右上）展示内卷部分
中的孢子囊群。图片来自：Mickel and Beiteal 1988。

图47 产自墨西哥的露蒿蕨
（*Terpsichore cultrata*），
以主司舞蹈的女神命
名。表明其叶可随风舞
动。图片来自：Mickel
and Beiteal 1988。

罗·德拉利亚韦（Pablo de la Llave，1773～1833）来命名的。天梯蕨属（*Jamesonia*，彩图14），一个生长在安第斯山脉高寒带的形态独特的属，则是为了表彰在厄瓜多尔首都基多四处采集植物的苏格兰医生威廉·詹姆森（William Jameson，1796～1873）。

当然，蕨类植物的名字也会用来纪念蕨类植物学家。仁昌蕨属（*Chingia*）就是以著名的中国植物学家秦仁昌先生（1898～1986）来命名的，他不仅以研究蕨类植物而闻名，还是第一个远渡重洋同西方人一起开展研究工作的中国科学家。在伦敦，秦仁昌同英国蕨类植物学家理查德·E.霍尔通（Ricard E. Holttum，1895～1990）一起研究，为纪念后者而命名的有霍尔通炭角菌属（*Holttumia*，真菌）、扇脉蕨属（*Holttumiella*，蕨类植物）和霍尔通兰（*Holttumara*，兰花）。秦仁昌还在哥本哈根师从杰出的丹麦蕨类植物学家卡尔·克里斯滕森（Carl Christensen，1872～1942），纪念后者的属名有天星蕨属（*Christensenia*）。其他一些纪念欧洲人的还有：纪念法国蕨类植物学家玛丽-洛尔·塔迪厄-布洛特（Marie-Laure Tardieu-Blot，生于1902年）的网茄蕨属（*Blotiella*），纪念瑞士蕨类植物学家赫尔曼·克莱斯特（Hermann Christ，1833～1933）的小毛蕨属（*Christella*）和戟蕨属（*Christiopteris*）。在美国，纪念蕨类植物学家的属名有：纪念罗拉·M.泰伦（Rolla M. Tryon，1916～2001）的锯矛蕨属（*Tryonella*），纪念沃伦·H. 小瓦格纳（Warren H. Wagner, Jr.，1920～2000）的中日金星蕨属（*Wagneriopteris*），纪念大卫·B. 莱兰尔（David B. Lellinger，生于1937年）的黑锯蕨属（*Lellingeria*）。

有时候也会用蕨类植物的属名来纪念不是蕨类植物学家的人，甚至不是植物学家。蘋属（*Marsilea*）就是以意大利博洛尼亚的植物学家康特·路易吉·费迪南多·马尔西利亚（Count Luigi Ferdinando Marsigli, 1656～1730）命名的，尽管他从来没有进行过蕨类植物方面的研究。与之近缘的一个属，槐叶蘋属（*Salvinia*），则是以安东尼奥·玛丽亚·萨尔维尼（Antonio Maria Salvini, 1633～1729）来命名的，她是意大利的一位希腊语教授，曾帮助过一些植物学家开展其研究工作。碗蕨属（*Dennstaedtia*）是以奥古斯特·威廉·登斯泰特（August Wihelm Dennstaedt, 1776～1826）命名的，据我所知，他是一位德国植物学家，从未发表过蕨类植物方面的著作。狗脊属（*Woodwardia*）是以托马斯·J. 伍德沃德（Thomas J. Woodward, 1745～1820）来命名的，伍德沃德是一名英国的藻类学专业的学生。荚果蕨属（*Matteuccia*）是为了纪念意大利的电生理学家、政治家卡洛·马泰乌奇（Carlo Matteucci, 1811～1863）。革叶蕨属（*Rumohra*）这类"花店蕨类"的身影常常能在花束和插花中看到，它是以来自德累斯顿的艺术类学生卡尔·F. 冯·鲁莫尔（Karl F. von Rumohr, 1785～1843）来命名的。

有些名字则表明了该属植物首次被人们所发现的地点。因此有了伏凤蕨属（*Afropteris*，指非洲）、树碗蕨属（*Costaricia*，指哥斯达黎加）和绒毛蕨萁属（*Japanobotrychium*，指日本）。一个属要是以富士山（Fuji）来命名的话，就会出现这样的一种状况：当这座山的名字被拉丁化成了 *Fuzi*（《国际植物命名法规》规定）再加上 *filix*（蕨类植物 fern 的拉丁化）在后头，就成了富士山蕨属 *Fuzifilix*——多么有趣的一个名字!

生长环境也是属名的来源。车前蕨属（*Antrophyum*：希腊语

antron，洞穴，加上 *phyein*，生长）暗指洞穴，因为该属首次被描述就是基于一种生长在洞穴入口的种。卵果蕨属（*Phegopteris*：希腊语 *phegos*，山毛榉，加上 *pteris*，蕨类植物）指的是生长在山毛榉树下的一种蕨类植物。鳞毛蕨属（*Dryopteris*：希腊语 *drys*，橡树，加上 *pteris*，蕨类植物）则指长在橡树下的蕨类植物（希腊神话中的树神德律阿得斯居住在橡树里），还有桫椤属（*Alsophila*：希腊语 *alsos*，小树林，加上 *philein*，爱）指的是生长于树林中的蕨类植物。

蕨类植物的营养器官也会成为属名的词源，茄蕨属（*Solanopteris*，彩图 25）就是一个很好的例子。它的名字源自：*Solanum*，茄属，加上 *pteris*，蕨类植物。茄蕨属植物的主茎细长呈长横走状（大多数水龙骨科植物的特征），但是它的侧枝延长增大且变得中空，像是小土豆的模样（图 77、78）。蚂蚁们在这些长相酷似土豆的茎中干起了"家务"，如果有任何扰动，比如有昆虫啃食它的叶片或者植物学家试图采集这些植物，蚂蚁们便会火速地从这些"土豆"里跑出来发动攻击（第 16 篇）。

多足蕨属（*Polypodium*）的意思是"许多只脚"，来源于希腊语 *poly*，许多的，和 *podion*，脚，组合而成。它们的茎基部附着在基质上匍匐生长，茎的上表面是两列微微上升的叶片基部，称之为"叶足"。这就好像是两列成匍匐履带式的"脚"（叶足）上下颠倒着伸到了空中（图 49）。

另外的一些名字来源于生动的想象，如木贼属（*Equisetum*）和石松属（*Lycopodium*），有人觉得木贼属茂密得如同尾巴一样的嫩枝好像是马尾（*equus*，马，加上 *seta*，刚毛；图 50）。再来说一说石松属，它的比喻就扯得有点远了：石松属的模式种，世界上分布最广泛的石松类

　　　　　　　　　　　　　　蕨类植物的秘密生活

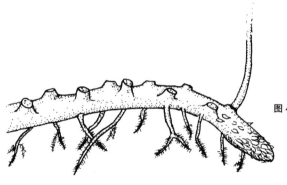

图49 多足蕨属的茎上部有许多微微上升的叶片基部,即叶足,向上伸出。图中的茎所示的是其连接着叶足的状态。

图50 以"马尾"命名的木贼属,因为它们好像马尾模样。参照 Tippo and Stern 1997,Alice R. Tangerini 绘图。

植物——东北石松（*L. clavatum*），有着刚毛般的尖头叶片，就像是枝梢在发怒。从如此发怒的多毛形象联想到了狼爪（希腊语 *lycos*，狼，加上 *pous*，脚）。当"小的"拉丁文后缀加在石松属的后头，就成了小石松属（*Lycopodiella*），即"小小狼爪"。同样的后缀还出现在卷柏属（*Selaginella*）身上，"像小 *selago* 一样"，*selago* 是旧时称呼一类现在被划入石杉属的石松的名字（彩图 11）。

通常来说，叶片占了蕨类植物主要的部分，而不是茎，那最受关注的特征之一自然是叶片的形态。像缎带一般下垂的叶片成了书带蕨属（*Vittaria*）的名字（*vitta*，缎带或条纹，加上 *aris*，相像；彩图 26）。鹿角蕨的鹿角般平展的叶子最终成了它的名字鹿角蕨属（*Platycerium*：希腊语 *platys*，平的，加上 *kera*，角）。莎草蕨属（*Schizaea*）的叶片呈分散的狭窄裂片状（希腊语 *skizein*，分离），还有有着狭窄可育部分的肋毛蕨属（*Ctenitis*）叶片，这部分和羽片的中肋垂直，好像梳齿的样子（希腊语 *kteis*，梳子）。和橡树（栎属）叶子相像的特点，成了地耳蕨属（*Quercifilix*）和槲蕨属（*Drynaria*）名字的由来（希腊语 *dryinos*，橡树的，加上 *aris*，像，或者仅是个结尾的 *aria*）。双扇蕨属（*Dipteris*）有着如此的名字是因为其叶片分裂成两半等大的扇形（希腊语 *di*，双，加上 *pteris*，蕨类植物；图 72）。

除了形状以外，叶片的颜色和质地在命名时也会被用到。暗蓝灰色的叶子是峭壁蕨属（*Pellaea*：希腊语 *pellos*，暗淡）的代名词，还有以叶片下表面的白色至黄色的粉末命名的粉叶蕨属（*Pityrogramma*：希腊语 *pityron*，头皮屑，和 *gramme*，线，后者指的是沿着叶脉生长的孢子囊群）。石韦属（*Pyrrosia*：希腊语 *pry*，火焰）的名字和其叶下表面的暗红色毛有关，这是一个常见的栽培属（在放大镜下仔细去看这些毛，每一个都是精致的星星状）。同样地，雅蕨属（*Niphidium*）的名字来源于希腊语 *nipha*，雪花之意，和 *eidos*，相似的；暗指该属的模式种叶片下表面覆盖有雪白色的毛。膜蕨属（*Hymenophyllum*）的名字是一个有关叶片质地的例子，它归属于膜蕨科，名字源于其叶脉间仅有一层细胞厚的膜状的叶片（希腊语 *hymen*，膜状的，*phyllon*，叶片）。

叶片的中脉，或者叶轴，是攀爬蕨类植物海金沙属（*Lygodium*）名字的由来。它的中脉缠绕着细枝，在生长的时候起到支撑叶片的作用（图 44）。为了实现缠绕，中脉必须柔软、韧性十足，这就是希腊语 *lygodes* 所表示的意思。

叶脉常用于蕨类植物的分类中，也是名字的来源之一。带蕨属（*Campyloneurum*）的二级叶脉在一级侧脉间呈拱形（希腊语 *kampylos*，拱形的，和 *neuron*，叶脉），形成了一种特别的样式（图 51）。一个亚洲的小属网蕨属（*Dictyodroma*：希腊语 *dictyo*，网，和 *droma*，跑着的），其叶脉汇聚形成了细长的多边形网络延伸，或者说是"奔跑"至叶片边缘。

一些蕨类植物属名是来自其特征突出、与众不同的产生孢子的叶片（也就是生殖叶）。这些叶片即所谓的两型叶，它们常缺少绿色组织，大多数都比较狭窄，仅剩下叶片的骨干部分以承载孢子。这些叶片有着更长的叶柄，以便于孢子囊群伸入空中，好让孢子在成熟的时候有一个更好的扩散条件。在孢子四散以后，这些叶片也就枯萎了，相比之下，绿色的、可以进行光合作用的叶片依然存留着。瓶尔小草（*Ophioglossum*：源自希腊语 *ophis*，蛇，和 *glossa*，舌）的孢子囊群好似一条蛇吐着长

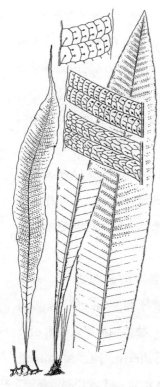

图51 带蕨属（*Campyloneurum*）在主要的侧脉间有呈拱形弯曲的小脉。左边是匍匐带蕨（*C. repens*），右边是长叶带蕨（*C. phyllitidis*），都是来自墨西哥的种类。图片来自：Mickel and Beiteal 1988。

长的芯子。和瓶尔小草属近缘的小阴地蕨属包含着葡萄蕨、阴地蕨和响尾蛇蕨。它们的生殖叶在顶端分枝，并且这些分枝长着一簇圆圆的孢子囊群（图36）。整体的模样好像一串葡萄，于是便有了小阴地蕨属（*Botrychium*：希腊语 *botrys*，一串或一簇）这个名字。球子蕨属（*Onoclea*：希腊语 *onos*，叶脉，和 *kleiein*，靠近）源于其生殖叶紧紧卷成一团包裹着孢子囊群的部分（图52）。

早期的分类学家尤其强调孢子囊群形状特征的分类意义，并且经常用这些特征来命名蕨类植物的属名。过山蕨属（*Camptosorus*：希腊语 *kamptos*，弯曲的，和 *soros*，孢子囊群）的命名是因为其弯曲的孢子囊群，这样的形状是孢子囊群沿着网状的叶脉生长的结果（图2）。小蛇蕨属（*Microgramma*）模式种的孢子囊群比较细长（希腊语 *mikros*，细小的，和 *gramme*，线），星蕨属（*Microsorum*：希腊语 *mikros*，小的，和 *soros*，孢子囊群）的孢子囊群也很小。有一个例子可以表明孢子囊群形态特征的重要性，早期

蕨类植物的秘密生活

的分类学家将所有孢
子囊群呈圆形且没有囊
群盖的蕨类都归入了多
足蕨属中，把所有孢子
囊群较长且有囊群盖
的蕨类植物归入了铁角
蕨属中。然而今天我们
已经知道了这样的分
类处理是不自然的，同
样的孢子囊群形态特
征可能来源于多次独
立的演化。我的同事约
翰·米克尔曾经指出：
"从科学的角度来说很
遗憾，基于孢子囊群的
结论是不可靠的。"

早期的分类学还
根据孢子囊群的位置
来命名蕨类植物。旱米
蕨属（*Cheilanthes*：希
腊语 *cheilos*，嘴唇，和
anthos，花）就是一个
很明显的例子，它的孢

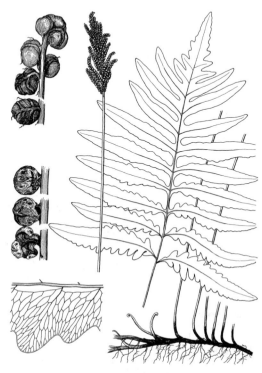

图 52　球子蕨（*Onoclea sensibilis*）产生孢
　　　子的叶片（中）和展开的、绿色的、
　　　能进行光合作用的叶子（右）形态
　　　迥异。左上：紧实的特化的小羽片
　　　聚拢包裹着孢子囊群。左下：网状
　　　的叶脉。

图 53　考福斯旱米蕨（*Cheilanthes kaulfussii*）
　　　的孢子囊群，被内卷的叶缘所保护。
　　　产自墨西哥。图片来自：Mickel and
　　　Beiteal 1988。

图 54　番桫椤属的杯状囊群盖。下方，
　　　除去孢子囊群后的囊群盖，凸起
　　　的结构是连接孢子囊群的部位。

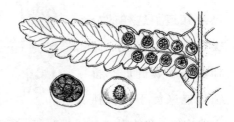

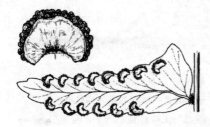

图 55　齿叶肾蕨（*Nephrolepis pectinata*）的
　　　肾状囊群盖。产自墨西哥。图片来自：
　　　Mickel and Beiteal 1988。

图 56　背靠背的孢子囊群是双盖蕨属的一大特征，
　　　这里可以看到基部叶脉两侧是成对生长的，
　　　在叶脉末梢则为单独的，而不是背靠背的样
　　　子了。

　　　　　　　　　　　　　蕨类植物的秘密生活

子囊群位于接近叶缘的位置上，被内卷的唇状叶缘所保护着，即"假囊群盖"（图53）。类似的情况还出现在珠蕨属（*Cryptogramma*：希腊语 *kryptos*，隐藏，和 *gramme*，线）中，它的孢子囊群在近叶缘处排成短线，这些短线被假囊群盖所遮掩。卤蕨属（*Acrostichum*：希腊语 *akro*，顶点，和 *stichos*，成行）孢子囊群的位置很突出，这些孢子囊群朝着叶片顶端生长；耳蕨属（*Polystichum*：希腊语 *poly*，许多的，和 *stichos*，成行），它的孢子囊群规则地排列成几行；还有翠蕨属（*Anogramma*：希腊语 *ano*，向上的，和 *gramme*，线）的孢子囊群呈线状生长至顶端。

许多蕨类植物的孢子囊群被一层囊群盖所保护，同时这也成了蕨类植物名字的又一个来源。在很多三叉蕨属（*Tectaria*：拉丁语 *tectum*，屋顶，*arria* 只是一个后缀）的种类中，囊群盖就像屋顶一样，而羽节蕨属（*Gymnocarpium*）却没有囊群盖，即裸露的孢子囊群（希腊语 *gymnos*，裸露的，和 *karpos*，果实）。杯状的囊群盖（图54）是树蕨类植物名称的主要来源，如番桫椤属（*Cyathea*：希腊语 *kyathos*，酒杯；彩图7）。冷蕨属（*Cystopteris*）的名字暗指其膨胀或者囊状的囊群盖（希腊语 *kystos*，膨胀的，和 *pteris*，蕨类植物）。肾蕨属（*Nephrolepis*）的囊群盖呈肾形和鳞片状（希腊语 *nephros*，肾脏，和 *lepis*，鳞片；图55）。种类繁多的热带大属双盖蕨属（*Diplazium*：希腊语 *diplazios*，成对的）有成对的囊群盖，也就是说沿着同一条叶脉长着两条背靠背的细长的囊群盖（图56）。姬蕨属（*Hypolepis*：希腊语 *hypo*，下面的，和 *lepis*，鳞片）的叶缘转向下方，形成一个鳞片状的结构保护着孢子囊群。

有的时候，在孢子囊群周围会生出一些起到保护作用的结构。百生蕨属（*Pleopeltis*）有一些这样的盾状鳞片的结构（希腊语 *pleos*，充满或者大量的，和 *pelte*，盾牌），栗发蕨属（*Eriosorus*）则有一些茸茸的毛（希腊语 *erion*，羊毛，和 *soros*，成堆的）。在膜蕨科里，鬃蕨属（*Trichomanes*：希腊语 *thrix*，毛发，和 *manes*，杯子）有着毛发状的结构从杯状或者漏斗状的孢子囊群连接处（基座）伸出（图 40）。

有些植物的名字纯粹地是为了引起注意而异想天开的产物。比如垫水韭属（*Stylites*）和伊拜卡蕨（*Ibyka*）。垫水韭属和水韭属（彩图 13）很接近，其以高柱修士圣西蒙来命名（Saint Simeon Stylites，可能卒于459 年），西蒙是一位叙利亚的隐士，在一根柱子的平台顶上生活了 35年（希腊语 *stylos*，柱子、圆柱）。因为垫水韭属蕨类的叶子生长在圆柱形的茎上，便有了这个名字。伊拜卡蕨意思是"伸着脖子啄"，这是和今天木贼很接近的一个化石属。这个属的化石因为最早被发现于一个岩石被类似于吊车的机械凿碎或是被锤子敲碎的采石场而得名，如此而已。

最后看一下 *Anaplasia*，现在三叉蕨属（*Tectaria*）的一个异名。它来源于希腊语 *anapausis*，意为休息，可能是由于它的命名者没能把它描述完。现在你也可以休息一下啦。

10. 出没大银幕

　　在1971年上映的喜剧《求婚妙术》(A New Leaf)当中,曾经出现过一个描述蕨类植物新种的桥段。在剧中,有个名叫亨丽埃塔·洛厄尔[Henrietta Lowell,由伊莲·梅(Elaine Mag)扮演,她同时担任该片导演]的生活寒酸落魄却十分善良的植物学教师,继承了一笔不菲的遗产。她遇到了一个诡计多端的名叫亨利·格雷厄姆[Henry Graham,沃尔特·马修(Walter Matthau)扮演]的花花公子,他已经将家产挥霍一空,正为了她的钱财而盘算着娶她为妻。在第一次约会中,他问她:

> "和我聊聊你的事吧,洛厄尔小姐。你的工作,你的期许,还有你的梦想。"
>
> "好呀,我是一个老师,同时我也进行野外工作和撰写专著。在我最近一次的野外工作里,我把所有 Jollybogo 属的蕨类植物给鉴定出来并且分类清楚了。这可能是我写的最长的一部专著。"
>
> "我真想有机会也读一下你的书。"亨利说,眼睛无聊地乱转着。

"我期待着发现一个从未被人们所描述或者分类过的蕨类植物新种。"

　　"那你如果发现了一个从来没有被描述或者分类过的蕨类植物新种又会怎么样呢？"

　　"也没什么，除了你会被列入它的发现者之列和以你的名字来命名它。"

　　"哦……那就像是帕金森病以詹姆斯·帕金森命名一样吧？"

　　"没错。或者就像是叶子花属（*Bougainvillea*）以路易斯·德布干维尔（Louis de Bougainville）命名一样。"

　　"或者像抱子甘蓝一样？"亨利问道。

　　他们一周后结婚了，开始了蜜月旅行（很显然是去了夏威夷）；好景不长，亨丽埃塔的不擅社交、笨手笨脚和天真幼稚招来了久经世故、举止得体的亨利的蔑视。于是在亨丽埃塔采集树蕨（她发现了一种不同寻常的桫椤属植物，它长着"发育不全的囊群盖"）的时候，亨利正忙着研究一本毒物学教科书，准备用常见的园艺化学药剂在不经意间把亨丽埃塔毒死，然后好继承她的遗产。

　　但是在蜜月后不久，亨丽埃塔的梦想就实现了。她未加思索地把这个消息告诉给了亨利：

　　"它被接受了！我的 *Alsophila grahamii*（格雷厄姆桫椤）！他们接受了它！"

　　"亲爱的，你冷静点说。什么叫他们接受了它？"

"是一种热带树蕨，就在我们度蜜月的时候，当时我没法把它鉴定出来，我就在想这可能是一个新种。但是我没法确定，于是就给密歇根大学的瓦格纳寄了过去。亨利，它是个新种，的确是个新种！我发现了一个完完全全的新物种！"

"真好，这真好。"亨利敷衍着，试图掩饰自己的冷漠。"好吧好吧。现在你可以给这个物种起名字了，对吧？就像是……他叫什么来着，路易斯·德布干维尔？"

可是当亨丽埃塔告诉亨利，她要以他的名字来命名这种蕨类植物新种时，亨利有点大吃一惊。他试图阻止她这么做，然而亨丽埃塔却一再坚持。她解释说，正是他的爱给予了她向植物学界宣布发现的信心，终究这植物是在他们度蜜月的时候发现的。她平复下来之后，给他看了一个小盒子，里面装着这种蕨类植物的小羽片。亨利有那么一瞬间觉得感动，但是随之而来的还是冷酷无情的毒杀阴谋。

我们先把电影搁在一旁，亨丽埃塔或者说是其他的一些人，是如何命名一种新发现的蕨类植物的呢？植物的名称包含了一个属名和一个种加词，还有后面的命名者的姓名。举例来说，高贵紫萁的学名是 *Osmunda regalis* Linnaeus。前两个词需要斜体，因为它们是拉丁文，这和任何一种外文需要在英文文章中斜体一个道理。*Osmunda* 是属名，和所有的书名一样，首字母需要大写。第二个词 *regalis* 是种加词（不是物种的名称，或者说双名法就是属名加上种加词）。种加词使用小写字母，但是有的植物学家习惯于把来源于人名姓氏或别的植物属的种加词的首字母大写。植物学名最后是一个或者几个描述该种的人名——

在这个例子里，就是卡尔·林奈（Carl Linnaeus）。作者的名字常常缩写以节省空间。举例来说，Linnaeus 常被简写为 L.。有时候，会出现两组作者的姓名，其中第一组被括在括号里，就像荚果蕨：*Matteuccia struthiopteris* (Linnaeus) Todaro。在这里，林奈最早将该种处理为紫萁属（*Osmunda*）的物种；随后，戈斯蒂诺·托达罗（Agostino Todaro）将该种转移至荚果蕨属（*Matteuccia*）中。当然还有另外的一些原因导致双名法后面出现两组作者，这里给出的是一种最常见的情况。

有不少人觉得使用拉丁文作为植物的学名没有什么意义。谁能把它们准确地念出来、记住或是知道其含义呢？为什么我们不采用一些更常见、更方便、更好理解的俗名呢？俗名在不同地域和不同语言里都不一样，甚至在同一个语言环境下，一个物种可能有不止一个俗名，或是一个俗名对应着很多种不同的植物。如此，使用俗名是无法保证名与物之间的一致性的。举个例子来说，有时候许多的俗名其实指的是同一种植物，北美东部的"普通石松"（*Lycopodium digitatum*），就有吊索石松、平枝石松、地雪松、公主松和南方石松等俗名。在魁北克，它的名字就成了 *lycopode en éventail*，即"扇形石松"。同样，这些俗名也可以用在其他一些植物身上。

使用拉丁文双名法的好处是，可以给我们提供一个独一无二的准确名称。与此同时，这些名称在国际上也是被认可的。如果你想要给一种植物新种取一个心仪的名字，那你必须遵循《国际植物命名法规》（*International Code of Botanical Nomenclature*，简称《法规》）的五条准则。这《法规》是在每六年举办一次的国际植物学大会上，经过植物学家们无数次的争论和修订的结果，还在不断地发展和改进。会议每次都会在全世界范围内找一个不同的城市开。

《法规》的第一条准则是植物新种的分类等级必须明确：种、亚种，或是变种，等等。第二，所拟订的植物名称不能是之前使用过的。比如说，亨丽埃塔想把她发现的树蕨命名为 *Alsophila grahamii* 的时候，如果已经有人用过 *Alsophila* 加上种加词 *grahammi*，她就必须要选一个新的种加词。她可以任由自己所想的来选择，只要这个词已经拉丁化：*henryi*、*henrygrahamii* 或是 *lowellii*（-*i* 和 -*ii* 表示拥有的意思；在拉丁语里，*Alsophila henryi* 的意思是"亨利的桫椤"）。由于植物学命名始于 1753 年林奈的著作《植物种志》，所以任何此后发表的名称都不能重复和再次被使用。从 1753 年后已经出版的成千上万的期刊和著作中去检查哪些名字已经被用过了，听起来是又吓人又耗费工夫，还好有一套叫作《蕨类索引》（*Index Filicum*）的参考书。《蕨类索引》列出了 1753 年以后出版的所有的蕨类植物名称。[《邱园索引》（*Index Kewensis*）也为大多数植物名称做了同样的工作。]

《法规》的第三条准则是新的植物名称发表时，需要有拉丁文描述。这项不符合时代潮流的准则，源自 19 世纪中期以前，那时拉丁文是科学和学术交流的国际语言。理论上来说，当今的所有植物分类学家都应该会阅读和书写拉丁文，但是现实的情况是，很少有人能做到这一点。大多数的植物分类学家（通常）直接看拉丁文描述后面的英文描述。要求必须使用拉丁文进行描述而不是必须附有插图，这显得有些荒谬，因为插图很容易被使用任何语言的人所理解。还好，如今的大多数植物学家描述新种时都会附有插图。[1]

《法规》的第四条准则是必须制定模式标本和将模式标本保存于标本馆中。实际上，模式标本的意思就是"这就是作者命名时所指的东西"。通常来说，第一份模式标本，即主模式，会保存在作者工作的标本馆里；同时任何副本（来自同一次采集的该植物的其他植株或是部分）会保存在其他的标本馆中，被称为等模式。

研究模式标本是分类学的基本功之一。检查模式标本常常是发表学名的唯一途径。这对于 18 ~ 19 世纪出版的专著里的植物名称尤为突出，但当时的植物学家对热带令人惊奇的生物多样性还知之甚少，所以当他们描述一种新植物的时候仅仅记录了少数的一些特征。这样的描述很不充分，难以判断应该归于哪个属，种就更难以判断了，时至今日，它们将被重新进行分类处理。

《法规》的最后一条准则规定所有有关的信息——分类地位、名称、拉丁文描述和模式标本的指定，都需要以可被世界范围的植物学家以普通方式获取的形式发表出来。在实际操作过程中，这意味着需要在科学期刊发表。如果在会议上口头表述，或是只出现在寄给同事影印的材料中，或发表于诸如《奥索卡县绘图集》(*Ozark County Pantograph*) 之类的地方杂志上，那这个植物新种的名字不会被认为是有效发表的。

植物新种的命名中，没有官方的人或者组织来裁定该种植物的有

1— 2011 年 7 月，在澳大利亚墨尔本召开的国际植物学大会做出了一项决策：从 2012 年 1 月 1 日起，将新分类群名称的合格发表所必需的"拉丁文描述或特征集要"更改为"拉丁文或英文描述或特征集要"。也就是说，植物学家可以用英文来描述新发现的植物物种，不再是必须使用拉丁文进行描述。

效性和授予出版许可。［当亨丽埃塔提到密歇根的瓦格纳——著名的蕨类植物学家华伦·H. 小瓦格纳（Warren H. Wagner, Jr.）——的时候，我们可以假定她的文章在经由编辑选择的瓦格纳和其他几位专家审稿人的"同行评审"后才能被接受出版，这个过程和大多数的科学期刊出版过程一样。］进一步来说，命名植物新种不需要你有博士学位或者归属于某个科学团体。任何人都可以来命名植物——前提是需要给出该植物和先前描述过的植物存在不同的证据，同时遵循上述准则。这些证据要被期刊的编辑和其挑选的两到三位审稿人仔细检查。如果稿件里的证据不足以令人信服，那么他们铁定会毫不犹豫地将之驳回。但若是稿件被接受了，仍然有一个障碍需要解决：文章作者必须支付一定的出版费用。大多数植物学期刊的费用是每页 50～100 美元，以资助期刊的印刷和发行。

描述新物种可不是过去式，这在今天仍然还在进行着。在 1991～1995 年，全世界大约有 620 种新的蕨类植物被发表，大约每年 125 种，大多数来自物种丰富的热带地区。中美洲（墨西哥南部至巴拿马）在 1985～1995 年，有 138 种新的蕨类植物被描述，这占了该地区蕨类植物种数的近 10%。即便在植物学家很了解的温带地区，仍然不断地有新物种被人们所发现。例如，在 1985～1993 年，美国和加拿大有 29 个蕨类植物新种被描述。由于全世界植物新种发现的速度在不断增快，1991 年密苏里植物园创办了一个新的期刊 *Novon*，致力于解决增加的新物种描述的发表。还有，纽约植物园的植物分类学期刊 *Brittonia*，为新种的描述提供了不少的版面。

对于大多数人来说，了解植物的名字带来了一种明显的力量感，犹如掌握了控制和理解植物的某种方法。（这让我想起了生活在亚马孙流域的原住民，他们不愿意透露自己的名字，因为他们认为那样会使他们在精神上产生一定的屈服从而受人控制。）但是，名字本身不会告诉我们什么关于植物的事情。它生长于何处？什么限制了它的分布？什么东西会吃它？一年里的什么时间会生出繁殖叶？它有什么样的药用价值？然而，名字却是非常重要的。我们需要通过这些名字来连接关于植物的信息。有位叫伊西多（Isidorus）的古希腊哲人曾写过这么一句话："没了名字，也就没有了关于事物的知识。"

还是回到《求婚妙术》。在最后一幕中，亨利和亨丽埃塔在阿迪朗达克（Adirondacks）划着独木舟，他们的独木舟在激流中翻了。亨利明知道亨丽埃塔不会游泳却没有实施援救，独自游到岸边。然而，当他自己爬上河岸的时候，他发现了一株植物——格雷厄姆桫椤！（没错，树蕨不会生在阿迪朗达克，但是这是在电影里。）他发了疯似的在口袋里寻找亨丽埃塔给他的小盒子信物，可是怎么也找不着了。就在这个时候，亨利回心转意了。他最终救下了她，在电影的结尾，他们一起坐在水边的原木上。亨利开始了新的人生。

第 三 章

蕨类植物的
化石

11. 石炭纪巨人

　　小石城的阿肯色大学植物学教授接到了一通来自当地一位农夫电话，说自己在森林里发现了一些奇怪的东西。当时农夫正在打猎，无意中发现一块宽大而裸露的砂岩上有一些很特殊的痕迹，他说："它们就像石头上的轮胎印，但是我知道那些岩石所处的地方肯定不会有车经过，那我看见的东西究竟是什么呢?"

　　我敢肯定，农夫所见的那些东西一定是巨大的鳞木的树干化石。这些树木的化石在阿肯色的砂岩和页岩上十分常见（图 57）。它们同现存的水韭（彩图 13）、卷柏和石松的关系比较接近，但是和现今这些矮小的草本植物不同，鳞木有着同今天在热带雨林中看到的那些耸立着的树木一样的高大挺直的树干，有一些的高度能达到 165 英尺（55 米），基部的宽度有 6 英尺（2 米）。它们曾经占据着晚石炭纪的沼泽长达 4000万年，后来在大约 2.25 亿年前的二叠纪末期的一段时间里渐渐地灭绝了（图 58）。

　　许多人同我一样，当见识了鳞木树干上的图案之后都对其产生了深深的好奇，这些图案像是鳄鱼的皮，抑或如先前的农夫所说的像轮胎印一样。这与众不同的图案赋予了这类植物"鳞木"（*Lepidodendron*：希

　　　　　　　　　　　　　　　　　蕨类植物的秘密生活

图 57　鳞木树皮的化石，像是石头上的车胎印。每一个小单元都代表着一个微微朝上的叶片基底，被称为"叶座"。

腊文 *lepido* 和 *dendron* 的组合，即鳞片和树木的意思）的名字。图案中的每一个"鳞片"都是一个"叶座"，它既不是菱形也不是六边形，而是紧密排列的螺旋状或竖行。这些叶座所构筑的图案令人赏心悦目，曾被用于建筑设计之中。伦敦的自然历史博物馆，算得上是这座城市数一数二的建筑，在外饰和主入口的大厅处的壁柱上就有仿照鳞木树干的图案（图 59）。

虽说叶座和树干组成了一个整体，但是叶座其实是属于叶的一部分。每个叶座都能显示与之连接的叶片微微向前伸出的样子，叶片狭长笔直并且有单一的叶脉（图 60）。位于叶座中心部位的点状纹饰表明叶脉通过这里从茎到达叶片之中。一种

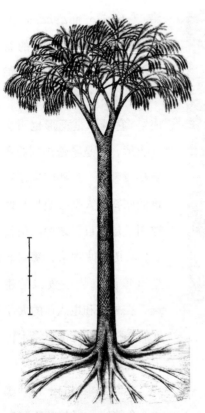

图59 伦敦自然历史博物馆中风格化的
鳞木图案壁柱。

图58 巨大的鳞木复原图，比例尺：4米
（约13英尺）。图片来自：Hirmer
1927。

有趣的解释是，叶座是死亡的木栓层，类似于今天我们所见的树枝末梢的叶痕，这种观点有一定道理却又不完全正确。和今天我们见到的树木的叶痕不同，叶座是由活着的具有光合作用的绿色组织所形成的。那我们是怎么从化石中推断出这样的结论呢？

蕨类植物的秘密生活

得出这个结论主要依据两条从化石中得到的证据。其一，叶座的外表有一层可以防止水分流失的、类似蜡质薄膜的角质层。在今天的陆生植物当中，角质层是覆在暴露于空气中的活组织上的；因此我们推测，鳞木被角质层所覆盖着的也同样是活组织。其二，鳞木的叶座表面布满气孔，这些微小的气孔能够将空气中的二氧化碳运送到植物里。气孔是为了适应光合作用演化而来的，而光合作用是一种只发生在活细胞内的化学过程。所以，存在角质层和拥有气孔便成了我们推断叶座是"活着的"并且能进行光合作用的依据（Thomas 1966, 1981）。

　　如果叶座可以进行光合作用，那么它一定是绿色的，也就是叶绿素的颜色。鳞木的树干布满了叶座，所以整个鳞木也一定都是绿色的。这和现存的几乎所有的树都十分不同，它们的树干表面都是一些死掉了的、无法进行光合作用的树皮层，通常是暗淡的浅褐色或灰白色。

　　在繁育后代时，鳞木和现在的树也很不一样，它们没有种子。鳞木通过生于树冠顶部枝条上的球果状孢子叶穗释放孢子来繁育后

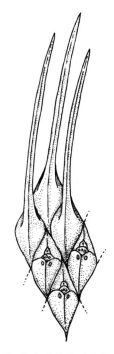

图 60　有着叶片和叶座的鳞木表面，部分叶片已经脱落。图片参照：Stewart and Rothwell 1993。

代。有些鳞木仅仅在生命末期才散播孢子，接着就一命呜呼了。"开花即亡"的特点有点像现存的"百岁草"［龙舌兰属（Agave）］、龙舌凤梨属（Puya）和某些竹子，这些植物在生长了很多年以后，开花、结果，然后就死了。而有些种类的鳞木，一生中可以散播许多次孢子。

鳞木的孢子叶穗有一个独具特色的结构。它由一系列围绕着中轴螺旋排列的、高度特化的叶片所组成，这些叶片能够产生孢子，被称为孢子叶。每一片孢子叶上表面立着一个小小的孢子囊，用来产生雌雄两种孢子。雄孢子被称为小孢子，大小通常只有雌孢子的十分之一到二十分之一。由于小孢子的体形微小，一个小小的孢子囊中能够产生数以百计的小孢子。雌孢子被称为大孢子，之所以长得比小孢子大得多，是因为其中储存着未来发育成胚所需的营养物质。通常情况下，一个孢子囊里有 8 个或 16 个大孢子，而有些种类仅会产生一个大孢子。尽管雌雄孢子分别生于不同的孢子囊中，但是对于不同的种类，有的可以生长在同一个孢子叶穗上（两性孢子叶球），有的则生长在不同的孢子叶穗中（单性孢子叶球）。对于鳞木来说，依靠孢子进行繁殖，是它们唯一的繁殖手段，它们不具备珠芽生殖、依靠根繁殖的营养繁殖方式（第 5 篇）。

鳞木中有一个属的植物散播孢子时，孢子叶球还完整地长在树的高处，而其他所有属的植物，则是在孢子叶球破损后才散播孢子。这些孢子囊，一个接一个地从孢子叶球上脱落下来，漂到泥沼之中。它们在水里就像是一艘艘漂浮的小船，载着装满孢子的货物远离母亲。载着雌孢子的孢子叶被称为"浮水叶"（图 61）。最终，雌雄孢子会发育成雌雄配子体，然后产生精子和卵细胞。在雌配子体还长在漂浮着的孢子叶上的时候，卵细胞在水中就已经完成了受精。在现存的这些树木当中，不会

蕨类植物的秘密生活

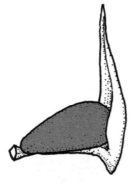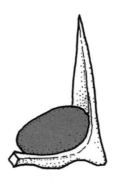

图 61　浮水叶，可漂浮的鳞木孢子叶［左图，无被大孢属（*Achlamydocarpon*）；右图，弗莱明木属（*Flemingites*）］。阴影部分的结构为孢子囊。图片参照：Phillips 1979。

发生这样的过程，几乎所有的受精都是在地上完成的。

　　卵细胞在受精之后，会形成胚，胚在发育的早期会发生一个特别的变化：它的根败育，嫩枝第一次一分为二，生出了向上的地上茎和向下生长的根状器官。后者尽管很像根，但不是发育意义上真正的根。它起到了根固定和吸收养分的功能，但是从发育、外观形态和解剖的角度来说，都属于茎。这个长得像根的枝系被称为"根状体"。

　　根状体顶端的分枝方式，最能体现其茎的本性（图 62）。它们都是由 Y 状的分枝所构成，枝条在每一次分杈后都会变窄，最终顶端的生长点耗尽，无法进一步生长。这种预先设定的生长方式，限制了根状体和地上茎所产生分枝的大小和数量。这使得同一植株的地上和地下部分非常相似，同一物种的不同个体外观相对一致。如果把一棵鳞木连根拔起，然后倒转过来，再插回土里，看起来和之前的样子其实差不多。

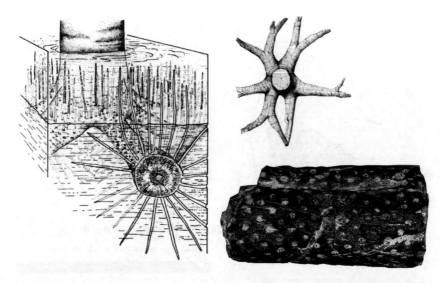

图62 鳞木的根状系统，即根状体。左上，支根从轴心（根座）开始辐射状向外侧各个方向生长，上部的一些曝露在光线中，图片来自：Phillips and DiMichele 1992。右上，根座属植物根状体系统的俯视图，展示二叉分枝和狭窄的轴心，图片来自：Hirmer 1927。右下，根座化石，展示螺旋排列的浅窝，此为侧根所生的位置。

    根状体比较早熟，它的生长速度超过了地上茎，在有些种类中，发育完全时根状体能长到 36 英尺（12 米）。这使得在鳞木的地上茎冒出来之前，其长满枝杈和叶片的树冠就有了一个十分牢固的底座。根状体的主要分枝［其化石称作根座（*Stigmaria*）］上密布着 4 ~ 12 英寸（10 ~ 30 厘米）的侧根，这与今天的蕨类植物和种子植物都十分不同。侧根以精确有序的方式，呈螺旋状围绕着主根排列，呈现出了类似于叶序（叶在茎上的有序排列）的"根序"（图62）。现存的蕨类植物和种子植物，它们的侧根在主根上的排列是不规则的；不同于蕨类植物、石松

                                                       蕨类植物的秘密生活

类植物和种子植物叶片排列那样有序（现生的植物当中，只有水韭还有根序和根状体，人们认为水韭和鳞木是十分接近的类群）。侧根有序排列，表明鳞木的这些侧根很可能是和叶片是同源的。

这些侧根显示出和叶片同源的另外的一个特征是，根状体是胚中茎组织延展出的器官。侧根可以剥离或脱落，和基部的分离层完全分开。这可以帮助植物的主根，主根在沼泽的淤泥中不断生长、伸长时，侧根能够及时切断，让主根容易向外延伸。就像叶片脱落时，会在茎干上留下鳞片状的叶痕一样，这些侧根在主干上，也留下了一排排呈螺旋排列的浅窝。这些浅窝很容易就能看到（图62）。它们和地上茎的叶痕，发育自同样的器官组织，或者可以说是同源的。和现在大多数植物的根不同，鳞木的侧根缺少根冠，即保护尖端生长点伸入土壤时免受磨损的结构。它们还缺少能够吸收水分和养料的根毛。围绕主根规则排列、能够脱落以及缺少根冠和根毛，所有的证据都显示，这些侧根是发育过程中特化了的叶片。

根状体侧根的内部结构也不同于现在的蕨类植物和种子植物。每一根侧根都有一个中央通气管和沿着其边缘的维管束，同样的解剖结构仍可以在现在的一些卷柏属和水韭属植物中找到。这样的结构引出了一个问题，就是鳞木的这些侧根，是否可以从它们所生长的水沉积物中吸收二氧化碳——这是现存水韭的特征，和其解剖结构有关（第26篇）。一个观察结果告诉我们，它们的确有这样的能力。鳞木大约三分之一的重量，集中在根状体主轴和侧根上，远远超出了其他的植物。这意味着，侧根除了固定、吸收水分和养分之外，还有着更多的作用。一些古生物学家推测这些侧根，至少是那些曝露在阳光中进行光合作用的

第三章 蕨类植物的化石

侧根，可以从沉积物中吸收二氧化碳（或是以碳酸氢盐溶于水中的碳元素）（Phillips and DiMichele 1992）。鳞木的茎根之间缺少连续的筛管支持了这种观点，这表明通过叶片生产的糖分无法从主茎运输到根部。根部很可能是通过光合作用制造自己所需的糖分。

鳞木成材的过程也不同于现在的树。温带树木每年都会通过增加树干形成层中的木质以长得更宽，结果就是出现了年轮。如果不能变宽以支撑新生枝条和树叶的重量，树干就会变弯。然而，鳞木只会产生很少的木质，甚至不产生；取而代之的是，鳞木成为"树"样子，是通过增加树皮的厚度来实现的。这让树干的外侧变成了十分坚硬的一层，这些树皮难以像现在的树的树皮那样被扒掉或者剥落，并且留在茎枝表面的叶座也随着树干的变粗变大而加粗加大（第17篇）。

在北美和欧洲，鳞木统治了石炭纪沼泽近4000万年，算上其亲近，它们一共占了那时已知化石种类的半数以上。它们在中国又延续了4000万年，在晚二叠纪地层中，还能看到它们的身影。它们曾经是适应性非常强、极度成功的类群。是什么让它们消亡了呢？

很显然，有几个因素一起导致它们走向衰败。其一是大陆冰川作用。石炭纪至二叠纪的过渡时期，也就是鳞木从北美和欧洲彻底消失的时候，当时显示有强烈的冰川作用，在冈瓦纳大陆的南部尤为显著。世界范围内的大量淡水冻结于冰川之中，使得海平面下降和海洋盐度增加。这让许多鳞木繁盛的沿海沼泽，经历了一场浩劫。另一个因素是大陆漂移所引发的干旱。晚二叠纪时期，世界范围内的鳞木都走向了灭绝的道路，大陆板块聚拢形成了一个超级大陆，即盘古大陆。许多的煤沼困于广阔的超级大陆的内部，远离了空气湿润的海洋。因此它们仅能得到一点点的雨水，继而干枯而死。形成盘古大陆的过程中，大陆边缘碰撞导致的造山运动，使得一些区域变得更加干旱。近期升高的山脉，比如说阿巴拉契亚山脉，不仅仅截断了通向内陆的湿润空气，并且带来了能够填满沼泽的沉积物。从此，广阔的沼泽在这个时期渐渐干涸，鳞木也随之消亡。

鳞木已经走进了历史，但是经过不断被挤压、炭化，它们成为了煤炭的主要组成部分，这是现代社会主要的能量来源。燃烧着的明亮烛煤，包含了鳞木几乎全部的孢子，这足以证明，这些树木曾有过多么庞大的数量。在我写作时，流入我的计算机中的能量间接来源于鳞木的叶片和树干（还有根状体的侧根？），它们捕捉到了亿万年前的阳光，将其转化成碳—碳键中的化学能，将能量以这样的形式从远古保存至今。鳞木不息的火光，不仅照亮了我们的工业和商业，还照亮了人类好奇心和无尽的想象。

12. 木贼的传说

"我从未见过如此震撼我的事物。"理查德·斯普鲁斯（Richard Spruce）[1]如是写道，他可能是 19 世纪最伟大的植物探险家。见证了亚马孙流域 15 年来的植物学研究的斯普鲁斯（1908 年出版的著作），早在19 世纪 60 年代就写到了一株厄瓜多尔卡内洛斯（Canelos）的村落附近的巨大的木贼属植物（*Equisetum*）：

> 卡内洛斯森林中最非比寻常的植物是一株庞大的木贼，有20 英尺（6 米）高，然而它的茎干只有手腕般的粗细！……在帕斯塔萨河平坦的河岸边缘绵延生长了足足有 1 英里（1.6 千米），河岸和水面的落差大约有 200 英尺（60 米），每走几步，膝盖都会陷入黑白红掺杂的污泥中。幼嫩落叶松树枝能让你想象到它的样子……我想象自己置身于芦木原始森林里，就算有一群庞大的蜥蜴突然冒出来，横冲乱撞踩踏着多汁的树枝，我想我也不会有多么惊讶。

---

1 —　理查德·斯普鲁斯（1817 ~ 1893），英国植物学家，专长为苔藓植物。——译注

斯普鲁斯所熟悉的家乡英国约克郡所生长的木贼不超过 3 英尺（1 米）高。当时他想到的芦木（Calamitaceae），是木贼（Equisetaceae）已经灭绝了的表亲，曾经繁盛于距今 3.45 亿~2.80 亿年的石炭纪泥炭沼泽中（图 63）。芦木能长到 60 英尺（20 米）高。斯普鲁斯所说的"一群庞大的蜥蜴"指的是两栖类动物，是石炭纪占优势地位的陆地动物，很可能就穿行于此类植物所构成的浓密林丛间。那么，斯普鲁斯难道真的发现了已经灭绝了 2.5 亿年的芦木了？

图 63 一株石炭纪的芦木。

图片来自：Hirmer 1927。

另一个宣称自己看到了巨大木贼的人，是法国的植物学家和探险家爱德华·安德烈（Édouard André）。19 世纪 70 年代，他也曾旅行至厄瓜多尔，并报道了在安第斯山脉西坡的小镇科拉松（Corazón）附近看见的巨大植物。在他关于此次旅行的书中，描绘了一种比骑马的人还要高上几倍的植物，要比今天所知道的任何木贼属植物都要高大（图 64）。尽管图画精美，可惜安德烈没有收集任何可靠的标本来证实它，专业的植物学家认为他的报道"不太真实"。这些老顽固甚至怀疑安德烈是为了引起读者兴趣和增加书的销量而夸夸其谈。

不过，斯普鲁斯所说的必须要认真对待，因为他是一个严谨的、勤勉的观察者和最优秀的植物学家。可惜的是，我们永远也

图 64 小镇科拉松的巨大的木贼。图片来自：André 1883。

无法知道他的所见所闻是否准确无误，因为他也没有采集标本。但是，可以通过探究一些关于木贼和芦木的事实来推测他所见到的东西。

　　[与安德烈不同，虽然没有采集供考证的标本，仍然可以相信斯普鲁斯所说的。斯普鲁斯是一位孜孜不倦的采集家，把压干的标本出售给

蕨类植物的秘密生活

欧洲的标本馆是他主要的收入来源。他没有收集卡内洛斯的巨大木贼可能是因为他有一项紧急的任务——应女王陛下的要求——要赶往安第斯山脉西坡。他收集了奎宁树（金鸡纳属 *Cinchona*）的种子，并将它们通过一艘英国前往印度的船只偷运出厄瓜多尔。这些种子是为了扩大在印度、斯里兰卡和其他地方的奎宁种植而收集的，生产药品以对抗当时乃至今天世界上最广泛、最棘手的疾病之一：疟疾。甚至到现在，疟疾仍折磨着全世界约 1 亿人，每年仅在非洲就有 100 万名儿童死于此病。关于斯普鲁斯的采集活动和他对植物学的贡献来自冯·哈根的记述（Von Hagen 1949）。]

木贼、芦木和其他植物的不同之处在于它们圆形、中空和有节的茎。茎连接之处可以很容易地被撕扯出来成独立的筒节——这是一项孩童和一些不成熟的大人乐此不疲的游戏。此外，茎干是绿色的，整个植株几乎都可以进行光合作用，并以一种不同寻常的方式生长。像其他植物一样，它们在长度或高度上的生长来源于顶端分生组织——茎尖的一群分裂活跃的细胞——的活动。和其他植物不同的是，每次生长出一段新的茎段，顶端分生组织都会变小，从而导致新生的茎段越来越窄，直至顶端分生组织耗尽，与茎段同时停止生长。这种生长模式类似于根尖的发育生长，木贼是现今唯一以这种方式生长的植物。

木贼和芦木还有一个共同的特征，就是都有"不像叶片的叶片"。这些叶片轮生于茎的连接处，不在茎上独立分布。每片叶子的侧边融合成茎段基部上的鞘状结构（图 65）。这些"鞘"看起来是主茎，但鞘齿的存在，即鞘顶部边缘的齿状部分，表明了其叶的本质 [在有的种类中，例如木贼（*Equisetum hyemale*），这些鞘齿很早就落了，因此好像不存

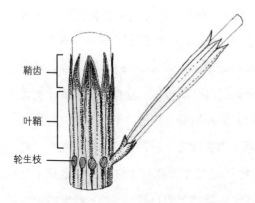

鞘齿

叶鞘

轮生枝

图65 木贼属的部分茎，展示连接处或称节点，即轮生枝和叶鞘着生的部位。茎很容易在这些节的位置被拉开。

在一样]。

除了在茎和叶方面的特征相似外，木贼和芦木依靠生于茎或分枝顶端的孢子叶球来结孢子。每个孢子叶球由附着在中轴的、紧实的、相称的多边形盾片构成（图66）。在盾片的内侧有几个椭圆形的淡黄色孢子囊，其内充满了绿色的可进行光合作用的孢子。当孢子成熟后，孢子叶球的中轴伸展，使盾片相互分离，将孢子囊暴露于空气中。孢子囊在变得干燥时会纵向裂开并释放孢子，使得孢子可以随空气流动而散播。孢子有四个称为弹丝的带状结构（图67），它们可以感知气流，从而帮助孢子踏上旅途。弹丝盘绕与否取决于潮湿度。空气潮湿的时候，弹丝盘绕着孢子，使得浮力减小，孢子便往下落，运气好的话会落入可供发芽的潮湿土壤中。只有木贼和芦木有这样的弹丝，这也是表明两者亲缘关系的证据。

尽管木贼和芦木有着许多共同的特征，然而它们还是在两个方面有所区别。首先，芦木的孢子叶球内长着特化的叶片，称作"苞叶"。木贼中没有这样的苞叶。其次，芦木通过次生生长来延展它的茎，从而长成树状。木贼则缺少这种能力，这也是为什么大多数种类的木贼植株通常比较矮小；基本上可以说木贼就像是芦木的初级植株。虽然有着这些区

蕨类植物的秘密生活

图66 木贼的孢子叶球。孢子叶球的中轴伸展，
使盾片（孢子囊柄）相互分离，孢子囊
（盾片上的发白的结构）就藏身其间。

别，两者还是很像的。有可能芦木还以某种遗传形式存在于世，兴许就
蛰伏在木贼的体内。是否这些形成芦木的形成层活动就存在于木贼之中
呢？也许有一天，通过某个基因工程的改造，就能再造芦木，创作出一
个"侏罗纪公园"。

木贼属各个种的名称通常基于茎节处是否有轮生枝。不分枝的被称
为"擦洗草"（图68），因为它们曾被用来刷锅刷碗。之所以用它们来擦
擦洗洗，是因为这些植物的茎干粗糙，且有硅质突起。而且很容易在刷
锅的河岸边找到它们。现在，它们的茎干被用来打磨木制用品。而一些
分枝的种类则因轮生的枝条而显得茂密，被称为"马尾"（图50）。斯普

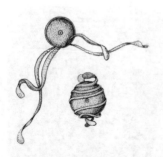

图 67 木贼属的孢子有带状附属物
（弹丝），当孢子周围的空气干
燥时伸展，而孢子周围的空气
湿润时则缠绕着孢子。

图 68 木贼（*Equisetum hyemale*）不分枝的
茎，顶端生有孢子叶球。

鲁斯在卡内洛斯附近所见到的木贼应该是具有轮生叶的，因其将之与同样具有轮生叶的落叶松（*Larix*）相比较。

很难相信斯普鲁斯真的发现了芦木，这种植物的化石记录在距今至少 2.5 亿年——这大约是植物存在于地球上的时间的一半——的时期后就没有再出现了。芦木不太可能存留至今而不留一丝的痕迹，尤其它们的泥沼和湿地生境很容易形成化石。那么斯普鲁斯所看见的究竟是什么呢？南美洲有三种木贼属植物，都生长于厄瓜多尔。两种生长在安第斯山脉的中高海拔地区，不太可能是斯普鲁斯在亚马孙流域的低地

蕨类植物的秘密生活

图 69 在厄瓜多尔，丹麦的植物学家阿克塞尔·波
 尔森（Axel Poulsen）拿着一株巨木贼。

区所见到的。然而第三种，巨木贼（*E. giganteum*），生长于亚马孙流域，并且能长到 15 英尺（5 米）高、0.5 英寸（13 毫米）宽。正如其名，它是该属中体形最大的种类（图 69）。斯普鲁斯所描述的植物的高度（20英尺，大约 6 米）比巨木贼的记录要高，但是考虑到他是目测的高度，这个差别是在合理的误差范围之内的；至于他所描述的"茎干有手腕般粗细"要比现有的巨木贼记录粗得多，在这件事上，尽管斯普鲁斯没有被证明夸大他的植物学工作，但可能由于植物的高度震撼了他，从而让他对植物的尺寸有点言过其实了。

所以，斯普鲁斯更有可能是遇到了一丛茂密茁壮的巨木贼。然而，我有一个更加浪漫的、不切实际的想法——一般是我站在一丛木贼中，撕扯着一节一节茎段的时候，我更愿意幻想他"确实"发现了一群芦木，并且这群壮丽的植物没有灭绝，而是藏在亚马孙流域的深处，等待着无畏的植物探险家去发现。这有什么不可能的呢? 厄瓜多尔的亚马孙地区还有很多未探索的地方。我在丹麦奥胡斯大学的同事本杰明·奥尔嘉是迄今唯一在厄瓜多尔南部接近卡内洛斯的地域进行采集的蕨类植物学家，而且他的行程非常短暂有限。谁知道究竟会有些什么植物"潜伏"于此地呢?

13. 中生代来客

　　1928 年，荷兰蕨类植物学家欧恩·波斯蒂默斯（Oene Posthumus）有了一个令人震惊的发现。在位于爪哇岛的茂物植物园检查标本的时候，他无意中发现了一种不同寻常的产自新几内亚的蕨类植物，并意识到这是一个属于双扇蕨属（*Dipteris*）的新物种。不仅如此，基于在古植物学方面的知识，他还意识到这份标本酷似一种中生代化石蕨类植物，该种植物经推测已经灭绝了数百万年（图 70）。作为蕨类植物现生种和化石种的分类学双料专家，波斯蒂默斯异常激动，因为他发现了新物种的同时还发现了一种活化石。

　　波斯蒂默斯发现新种十分了不起，能在双扇蕨科（Dipteridaceae）中找到活化石则更是幸运，这对研究其近缘的罗伞蕨科（Matoniaceae）也有帮助。之前所提到的这两个科代表了大量中生代岩石中的化石，中生代也就是为人们所熟知的那个恐龙时代（它们没有更早的化石记录了）。这是一个距今 0.65 亿~2.25 亿年的时代，就在这个时期，这两个科的蕨类植物达到了鼎盛。它们当时是植被中主要的草本植物和近地生长的植物。双扇蕨科在分类上曾十分多样，有 6 个属、至少 60 个种，罗伞蕨科则有 8 个属、26 个种（图 71）。在地理上，它们曾繁盛于整个世

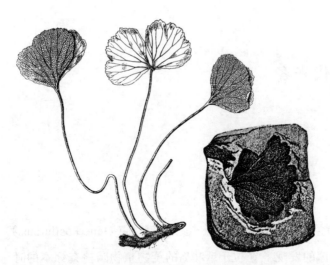

图 70　现存的双扇蕨属植物巴布亚新几内亚双扇蕨（*Dipteris novoguineensis*，左），和三叠纪
化石圆齿荷叶蕨（*Hausmannia crenata*，右），化石仅显露了右半边叶片。图片来自：
Posthumus 1928。

界，遍布几乎所有的大洲，从北边的格陵兰、斯匹次卑尔根岛，到南边
的火地岛、南极洲，都能找到其身影（图 73、74）。有什么能比找到这群
丰富的、多样的、分布广泛的活化石更好的事情呢？

　　如果古植物学家从距今几百万年的跨度来寻找现存的双扇蕨科和
罗伞蕨科的化石，他们就不会这么幸运了。今天的双扇蕨科和罗伞蕨科
已渐衰微，如今只是曾经中生代繁盛时期的点点残余：双扇蕨科如今只
有 1 个属（双扇蕨属，图 72）、6 个种，而罗伞蕨科仅有 2 个属［罗伞蕨
属（*Matonia*），图 72；和显子蕨属（*Phanerosorus*）］。这意味着大约 9
个化石种仅仅存留下 1 个现生种。关于化石种的科学论文十倍于关于现
生种的科学论文也反映了这种情况。不光是种类变得更少，在形态的多

蕨类植物的秘密生活

图 71 史密斯异脉蕨（*Phlebopteris smithii*）复原图，罗伞蕨科最古老化石种（晚三叠纪）。从叶片的特殊分裂方式可以判断这个化石肯定属于该科。图片参考：Ash 1982。

样性方面，现生种也远不及化石种，尤其是叶片的形状及其解剖结构。

而且这两个科如今在地理分布上更具局限性。它们不再是全球广布，而是仅仅分布在东南亚（图 73、74）。就算在东南亚，这些属和种在该区域中的分布也越来越狭窄。显子蕨属只在婆罗洲（加里曼丹岛）和新几内亚西海岸外的几个小岛上有发现，而罗伞蕨属仅仅在菲律宾、马来半岛和婆罗洲有分布。是什么导致了它们的衰落呢？

有一种解释是由于生态上的原因，这是由双扇蕨科和罗伞蕨科现今生长的几类生境所推测出来的。这些现存种生长于开放或者半开放的生境中。举例来说，双扇蕨（*Dipteris conjugata*）和罗伞蕨（*Matonia pectinata*）（图 72，彩图 9、15）这两个分布最广的种类，在无遮蔽的

图72 双扇蕨（左）和罗伞蕨（右）。

山脊、林缘和空地茂密生长。有一个地方它们是混生在一起的，就像它们中生代的祖先那样，那里就是马来半岛的俄斐山（Mount Ophir）。该处曾被英国的博物学家阿尔弗雷德·拉塞尔·华莱士（与查尔斯·达尔文一同发现了演化论）在1886年描述过：

> 在通过杂乱的灌丛和沼泽丛林后，我们来到了一片美丽的森林，灌木稀疏，可以轻松穿行。我们慢慢走了好几英里，爬上了一个缓坡，道路左侧是一个很深的峡谷。随后，我们遇到了一个陡坡，道路逐渐陡峭起来，森林也变得愈发地茂密，直到我们走出"巴丹－巴塔"，或者石海……这部分相当贫瘠的，但有

蕨类植物的秘密生活

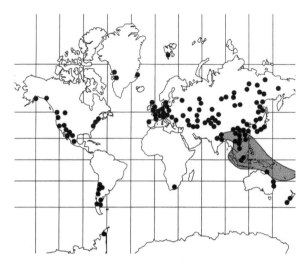

图73 双扇蕨科在中生代（黑点）和现在（阴影）的分布范围。

图片来自：Corsin and Waterlot 1979。（本书地图系原书插附地图，以下同）

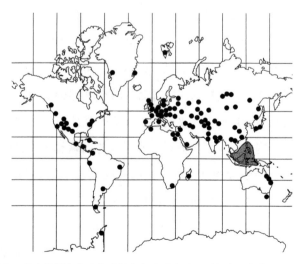

图74 罗伞蕨科在中生代（黑点）和现在（阴影）的分布范围。

图片来自：Corsin and Waterlot 1979。

一处断裂带或者说是沟谷生长着繁茂的植被，其中最引人注目的是猪笼草……有少量的陆均松属球果植物首次出现，同时就在灌丛中岩石表面，我们经过一丛长势极好的蕨类植物，双扇蕨（*Dipteris horsfildii*，应为 *D. conjugata*）和罗伞蕨（*Matonia pectinata*），它们细长的茎上（应为叶柄）长着平展的掌状叶片，有6或8英尺（2或2.4米）高。

与华莱士所观察到的双扇蕨属和罗伞蕨属一样，显子蕨属的两个种（罗伞蕨科另外一个现存的属）同样生长于开放的生境中，通常是石灰岩峭壁或阳光充足的地方（Walker and Jermy 1982）。实际上，这两个科几乎所有的种类都不会生长于荫蔽的地方，而是生长在少有荫蔽的林中或是阳光充足的生境中。

中生代的双扇蕨科和罗伞蕨科植物同样生长于类似的半开放的森林或开放的生境中。中生代早中期森林中，占优势的是裸子植物，如球果植物、银杏、本内苏铁和苏铁，也有一些属于蚌壳蕨科的树蕨，但是数量不多。所有的这些植物通常都有掌状或者螺旋形的树冠，遮蔽了光线；然而它们逐渐形成了开放或者半开放的森林，这里阳光可以直接到达地面层。双扇蕨科和罗伞蕨科繁盛于这样的森林中，而且在开放的生境中，它们有时还会和其他蕨类植物一起形成"蕨类草原"（如今随处可见的禾草和莎草，在那时还没演化出来）。

在中生代的最后一个时期白垩纪，一切都改变了。盛极一时的裸子植物逐渐被新演化出来的被子植物所取代。这些新生的树种高耸入云，约有120英尺（40米）之高，它们的树冠宽阔，树枝层层叠叠，吸收了

　　　　　　　　　　　　　　　　　　　蕨类植物的秘密生活

大量的阳光。树林之下是一些更小的树丛和灌木层，还有攀缘植物、附生植物和藤本植物等，一层层地拦截下了从顶层树冠透下来的光线。这些植物一起，在森林地面上构建出了浓密的遮蔽（在如今的热带雨林中，地面通常只能接收到不足总体树木所接收总量的百分之一的光线）。因此，当被子植物在中生代晚期取代裸子植物，开放或者半开放森林也逐渐被有着浓密遮蔽的森林所替代。曾经繁盛了百万年的双扇蕨科和罗伞蕨科陷入了黑暗的未来之中。它们无法适应，它们的数量也在中生代晚期急剧减少。在此后的化石记录中几乎找不到它们的身影了。

上述并不是关于这些植物衰落的全部原因。它并不能解释，比如，为什么这些植物如今仅仅分布在东南亚而不是别的地方。

不过，中生代晚期所发生的变化并非对所有的蕨类植物都是坏事。在今天的热带森林中，有些蕨类植物很好地适应了荫蔽的森林，并发展成了物种丰富的类群。尤其是水龙骨类植物中，它们的孢子囊上有纵行环带，环带止于孢子囊柄的连接处（图1）。这类最为特化的类群中的几个科，比如"兔脚蕨"（骨碎补科，Davalliaceae）和多足蕨（水龙骨科，Polypodiaceae），它们几乎都是附生植物，适应了在被子植物枝干上生活。可能是白垩纪末期，构建浓密森林的有花植物的兴起促进了这些蕨类植物的演化。

双扇蕨科和罗伞蕨科的故事，是一个通过化石来理解地球上的生命重要性的绝佳事例。如果没有化石，我们如何能知道这些蕨类植物曾经繁盛于世界各地呢？我们又如何能知道在中生代晚期裸子植物的衰败和被子植物的兴起？来自中生代的化石给我们带来了欣喜，就像带给欧恩·波斯蒂默斯的欣喜一样。

14. 蕨类植物高峰

斯泰温斯-克林特峭壁（Stevns Klint）位于哥本哈根以南 25 英里（40 千米），是一处可以眺望波罗的海的石灰岩断崖。断崖上的白色部分连成一片，除了一处约有 3/8 ~ 4 英寸（1 ~ 10 厘米）厚的灰绿色水平土层带。丹麦人称其为 fisk ler，"鱼土"，因为发现里面有一些鱼类的骨头和鳞。地质学家测算出其年龄大约有 6500 万年，并将其选定为两个重大的地质时期——白垩纪和第三纪——的正式分界线。

这个土层标记的重要性不仅仅在于地质时期，还和地球生命史上最重要的几次灭绝事件之一有关。这次灭绝事件发生在陆地、天空和海洋中，世界上 65% ~ 70% 的物种就此绝迹。其中最有名的受害者就是恐龙，然而还有一大群鲜为人知的生命也彻底消失了。对单细胞生物的打击最为严重：90% 的原生动物和藻类消失，绝大多数的海洋浮游生物突然灭亡并在地层上形成了明显的边界（在岩石中很容易看到），地质学家称之为"浮游生物线"。

各个领域的科学家都在争论究竟是什么导致了这次灭绝的发生。他们的争论中所涉及的证据来源于不同的学科，如弹道学、气候学、火山学、矿物学、古生物学和天文学。最引人深思的证据来自孢粉学，即关于花粉和孢子的研究。这一植物学分支学科发现了大量非同小可的关于灭绝的证据，这些证据很多来自蕨类植物的孢子化石。

在考量这些证据之前，有必要回顾一下大多数学者所接受的理论，也就是关于导致灭绝发生的最好解释。"撞击说"称小行星猛烈撞击地球，将其自身和周围的地块撞得粉碎。撞击产生的烟尘进入大气，遮天蔽日，笼罩了整个星球数月甚至数年。根据美国国家航空航天局科学家的计算机模拟结果，地球陷入了数月的黑暗，伸手不见五指。没有了阳光，光合作用随之中止，植物灭亡。食物链瓦解，导致许多动物灭绝。根据沉积物，曾遮蔽地球的尘埃云形成的土层，发现于几近整个白垩纪-第三纪分界处，和斯泰温斯-克林特峭壁上的土层一样。

除了黑暗外还有火灾。科学家假设部分撞击喷出物被抛出地球大气层，然后又重新进入地球大气层中，这使得它们变得灼热。来自喷出物的高温引发了全球性的火灾。这样的情节听起来像是未加证实的悲观猜想，然而地质学家已经发现土层含有沉积了 1～2 年的烟灰，这只能通过燃烧现今世界上一半森林的量才能实现。

还有两种同样发现于该土层的证据，都强有力地支持撞击说。第一个证据是土层中大量的铱元素，铱在地壳中罕见，却在小行星中大量存在。第二个证据是存在令人震惊的有着内部形变波纹的石英砂（微小的石英晶体），这需要突然产生巨大的压力。除了这个边界土层，这样的石英砂仅在陨石坑和核试验点能找到。

地质学家相信他们已经发现了小行星撞击所在的撞击坑。希克苏鲁伯陨石坑位于墨西哥尤卡坦半岛，恰好是对应的年龄：6500 万年。经测量，该陨石坑有 110 英里（175 千米）宽，科学家估计这颗小行星的直径肯定有约 10 英里（16 千米），才能形成如此巨大的陨石坑。撞击时所释放的能量，将近于全球核武器同时爆发所产生的能量的 1000 倍。简言之，根据撞击说，白垩纪最后的地球植被看起来就像森林防火海报所显示的场景一样。

对全球范围内的白垩纪–第三纪边界岩层进行的孢粉学研究，显示出一个惊人变化。在白垩纪晚期，蕨类植物孢子化石占孢粉微化石总量的 15% ~ 30%，其余是种子植物的花粉化石。但是在第三纪早期，边界上的蕨类植物孢子化石突然增加到占总量的 99%。在其上方接下来的 4 ~ 6 英寸（10 ~ 15 厘米）的岩层内，这个比例回落至之前的水平。孢粉学家把结果绘成图表，看到一个尖朝上的 V 形跳跃，于是称这种跃增为蕨类植物高峰（fern spike）（图 75）。第三纪早期，陆地上率先复苏的就是蕨类植物。随后，蕨类植物大部分被生长更缓慢的种子植物所替代。

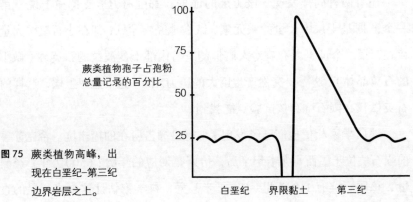

蕨类植物孢子占孢粉
总量记录的百分比

图 75 蕨类植物高峰，出现在白垩纪–第三纪边界岩层之上。

白垩纪　　界限黏土　　第三纪

蕨类植物的秘密生活

是什么导致蕨类植物种群如此爆发？蕨类植物可以很轻松地侵入恶劣的环境之中，比如贫瘠的火山坡或刚经焚烧的森林。它们可以通过随风飘散的数以亿计的孢子，快速地开拓领地。小行星撞击后，地球草木凋零，蕨类植物扮演了植物成功复苏的急先锋。率先进军，建立根据地，为其他植物做好准备。蕨类植物暂时（科学家们不知道究竟有多久）统治了植物界，让地球重现了昔日苍翠繁茂的景象。蕨类植物在撞击后的大量出现，使得它们的孢子在当时的岩层中占有很高的比例。

　　蕨类植物高峰让科学家们对灭绝有了难得一见的观点。其他的生物学证据大多和分类学有关——在白垩纪的末期，科、属、种的数量急剧减少。与之相反，蕨类植物高峰（倒 V 形孢子记录）显示出了在生态水平上的改变。它向我们讲述了植物群落中发生的重组和植物相对丰度的波动变化。

　　白垩纪的终结通常和恐龙灭亡相联系，人们很难想到植物。但是第三纪早期在"烤煳了"的大地上重生的植物，告诉了我们一个故事，让我们更好地理解 6500 万年前生物大灭绝时究竟发生了什么。至关重要的证据不仅仅来自于恐龙这样的具有票房吸引力的生物，还来自于最谦逊的生命，比如蕨类植物。

15. 蕨类植物有多老？

人们常常会说蕨类植物是一个古老的类群，在裸子植物和有花植物占据了今日的陆地之前就经历了漫长的演化过程。然而这样的说法只能说是对了一部分，其实从一些方面来看这是完全错误的。从地质学上讲，现今蕨类植物中绝大部分的科属都是新近起源的，是"晚于"第一批的有花植物演化而来的。要清楚地弄明白这一点，需要一点蕨类植物地理学的帮助。

最古老的真蕨类植物化石记录可以追溯到大约 3.45 亿年前的早石炭纪时期。这是两栖类和爬行类最初来到陆地及昆虫学会飞翔的时期；恐龙、鸟类和哺乳动物在那个时候都还没有演化出来。这些早期的蕨类植物化石很容易被鉴定出来，因为它们的孢子囊已经和现在的很相像了，但是这些远古的蕨类植物还是和现在的种类有很大的区别。大多数早期蕨类植物拥有多次分枝的茎，并在一些古怪的地方形成了复杂的茎轴系统，而且它们的维管组织（木质部和韧皮部）也不同于现在的蕨类植物。因为种种的不同，古代的蕨类植物被归类于远离现代蕨类植物的属于它们自己的各个科中，它们有着一些奇特的名字，比如回卷蕨科（Anachoropteridaceae）、群囊蕨科（Botryopteridaceae）和普萨雷索克莱纳蕨科（Psalixochlaenaceae）。在距今270万～290万年的石炭纪的末期或是二叠纪的早期，它们就走向灭绝的道路了，但是它们的近亲仍为蕨类家族保留了一丝存至今日的血脉。

与之相比，最老的裸子植物化石全都属于现在已经灭绝的科，同样可以追溯到距今约3.4亿年的早石炭纪时期。它们和蕨类植物一样古老。至于有花植物，它们最早出现于约1.4亿年前的早白垩世，比最早的蕨类植物和裸子植物晚了近两亿年。

如果抛开已经灭绝的化石类群，仅仅考量现今蕨类植物和裸子植物的各个科，那么蕨类植物是不是会更老一些呢？现存的蕨类植物的科的最早的化石记录是合囊蕨科（Marattiaceae），它们在世界各地湿润阴暗的热带雨林中繁茂生长。合囊蕨科出现于距今3.4亿年前的下石炭纪，当时代表性的类群是辉木属（Psaronius），一类曾在那时的泥炭沼泽中兴盛的已经灭绝了的树蕨。通过比较发现，“最老”的现存裸子植物的科是银杏科（Ginkgoaceae）和苏铁科（Cycadaceae，有时被分成三个科），它们最早出现于大约2.25亿年前的晚二叠纪。因此，如果用这些现存的科来比较，蕨类植物要比裸子植物老7000万年。

然而合囊蕨科仅仅是蕨类植物中的一个小科，在全世界将近12,000种的蕨类植物中，它们仅有大约100种。那么这些占了蕨类植物绝大多数的种类呢？如果它们与最早的裸子植物和被子植物相比较，又会是怎样的情形呢？

大约80%的蕨类植物所属的科集中在“水龙骨类”，或“衍生出薄囊的”蕨类植物。其共有的特征是具有一个环绕孢子囊近四分之三的环带，并止于孢子囊柄之上（图1）。这些蕨类植物的DNA序列和结构也十分相似。我们用一些常见的水龙骨类植物来举例说明，比如铁角蕨科（Aspleniaceae）、乌毛蕨科（Blechnaceae）、鳞毛蕨科（Dryopteridaceae）和水龙骨科（Polypodiaceae）。水龙骨类植物可靠的化石记录最早源于约7500万年前的晚白垩世。这表明它们晚于有花植物（1.4亿年前）和裸子植物（2.3亿年前）出现。怎么会有这么多的人认为所有的蕨类植物都比开花植物要古老呢！

那些非水龙骨类，或者称为"基部有薄囊的"蕨类植物，包含了树蕨（桫椤科和蚌壳蕨科）、里白科（Gleicheniaceae）、紫萁科（Osmundaceae）以及膜蕨科（Hymenophyllaceae）。这些类群环带的位置各异，但是它们大多都有一个共同的特征，就是拥有完整的、不对称的环带，也就是环带以一定的角度倾斜，以至可以绕过孢子囊柄，完全地将孢子囊圈起来（图43）。这些蕨类植物和水龙骨类相比有着久远的化石记录（2.7亿年前的早二叠纪）。

然而，大多数的蕨类植物的起源，即水龙骨类的起源，有助于解释为什么不同的地域或者大陆会共同存在某些种或者类群。举例来说，热带美洲和非洲马达加斯加共有的蕨类及石松类植物有27种，这样的情况不会发生在世界上任何其他的地方。同时，这两个区域有87对亲缘关系很近的姊妹种或是姊妹类群，也就是说，其中之一生长在热带美洲，另外的一个生长在非洲马达加斯加。被大西洋所分隔的两个地方是如何共有这么多的物种或者姊妹群呢？

这里有两种合理的解释。第一，孢子的长距离扩散。孢子可以跨越大西洋传播可能令人难以相信，更不用说孢子经历长途跋涉后能够存活下来，但是蕨类植物的孢子的确可以借助风的力量传播到非常遥远的地方，在高空的大气层中也发现过蕨类孢子的踪迹。有实验表明蕨类孢子可以忍耐对流层中的寒冷和紫外线辐射。第二，大陆漂移说。这种解释提出，对于同样的一个物种或是亲缘关系很近的姊妹群来说（或来自同一祖先的类群），它们在大陆漂移分离之前就生长在非洲马达加斯加和南美洲联合在一起的大陆板块上。

我们该选择相信哪一种解释呢？这就要把蕨类植物的"岁数"考虑进来了。根据地质学家所说，南美洲和非洲开始分离的时间大约在1.2亿年前，最终完全分离开（最后分离的连接处靠近现在的非洲象牙海岸和南美洲巴西最东部）的时间大约在9500万年前。这比演化出水龙骨类的时间早了2000万年。因为当南美洲和非洲马达加斯加还连在一起的时候，这些蕨类植物还不存在，所以大陆漂移无法解释，在不同的大陆上为什么出现了同样的水龙骨类植物（Moran and Smith 2001）。长距离扩散的解释也有着类似的问题。新西兰和澳大利亚共同存在的蕨类植物引发了同样的争论。长期以来，人们都认为两地间的共同物种的出现是大陆漂移的产物。但是，新西兰和澳大利亚大约在8000万年前就因大陆漂移而分隔开了。这比大多数的水龙骨类植物出现的时间要早，甚至比灭绝的蕨类植物还要早（也许不是，详情请参考：Schneider et al. 2004）；因此，大陆漂移也无法解释新西兰—澳大利亚间共同物种分布问题（Brownsey 2001；Perrie et al. 2003）。大陆漂移能够被用来解释更古老的蕨类植物，例如树蕨（桫椤科和蚌壳蕨科）、膜蕨科、一些双穗蕨（*Anemias*）和莎草蕨（Schizaeaceae），但无法排除长距离扩散的可能。

化石记录表明有些种类的蕨类植物十分古老，经过漫长的历史变迁却只发生了一点点的改变甚至没有任何变化。演化生物学家将这种现象称为缺少变化的停滞。绒紫萁现在只生长在北美东部（图38），是如今蕨类植物当中时间跨度最长的物种，其已知的化石记录来自于第三纪晚期的南极洲，距今约有 2000 万年（Phipps et al. 1998）。另外一个古老的物种是分布于东亚和北美东部的球子蕨（*Onoclea sensibilis*，图52 和图112），它的化石最早被发现于距今 5500 万年前的早第三纪的格陵兰、美国西部、加拿大、日本、俄罗斯远东地区以及英国的岩层中（Rothwell and Stockey 1991）。那么球子蕨所跨越的时间与有花植物的物种相比的话，情况又是如何呢？有花植物物种在化石记录中的平均跨度约为 350 万年，也就是说绒紫萁和球子蕨有着非常长远的时间跨度（古生物学家还没有计算出蕨类植物各个种的平均时间跨度）。

尽管有些种类的蕨类植物十分古老，但是其他的一些物种则可能非常年轻。热带美洲的天梯蕨属（*Jamesonia*）就是一个非常好的例子。天梯蕨属约有 20 个种，所有种类的叶子均是直立的，呈线形排列，其最上端的拳卷幼叶从来都不会完全打开（图76、彩图14）。它的羽片又小又圆，总是聚拢在一起，就好像是一枚枚硬币摞在一起。天梯蕨属只生长在海拔约 9000 英尺（3000 米）的南美洲北部安第斯山脉中的典型高山稀疏草地上。安第斯山脉大约在两三百万年前才骤然升高，形成了高山的稀疏草地，这就意味着天梯蕨属最长也就只有三百万年的历史（相较人类所在的人属而言，最早出现的时间大概在两百万年前）。这同样可以用于解释石杉属（彩图11）大约 60 个物种在近期形成的事例，它们同样也仅仅生长于这些高山稀疏草地上。

总而言之，有些蕨类植物是十分年轻的。木蕨（*Dropteris celsa*）

　　　　　　　　　　　　　　　蕨类植物的秘密生活

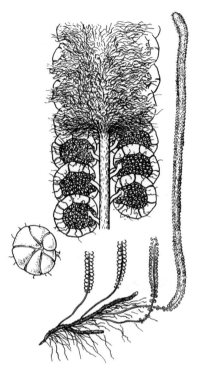

图 76 天梯蕨，仅产于高山稀疏草地的属。从特写中（下部羽片的绒毛
已被清除）可以看到内卷的羽片边缘（假囊群盖）和孢子囊。左
下，小羽片的上表面。图片源自：Mickel and Beitel 1998。

更是如此，它是分布于北美东部的一个物种，可能起源于距今仅仅 1.8
万年的末次冰期。木蕨是可育的种类，它源于田纳西冷蕨的杂交和多倍
化（图 27）。奇怪的是，木蕨的两个亲本的分布区并不重叠（杂交发生
的必要条件）。其中的一个亲本，戈尔迪木蕨（*D. goldiana*），分布于缅
因州至阿巴拉契亚山脉南部、明尼苏达州的范围，而其另外的一个亲

本，南方木蕨（*D. ludoviciana*），则仅仅分布于北卡罗来纳州至加利福尼亚州的海岸平原上。这两个物种是如何走到了一起并发生杂交形成了木蕨的呢？这很可能是在末次盛冰期的时候，戈尔迪木蕨被推赶到了南方，最终和南方木蕨相遇。相遇之后两者便发生了杂交。当冰川退去，戈尔迪木蕨便回到了原来所生活的北方，甚至是更北的区域。而南方木蕨仍然生活在南方的海岸平原和海湾各州[1]，与此同时，它们杂交而形成的木蕨分布在它们之间的区域，仅仅和两个亲本的分布有着些微的重合。如果事情就是这么发生的话，从地质学上来说，木蕨的起源是接近现在的。

认为蕨类植物是十分古老的这个观点，将现存的约 12,000 种起源于不同时间和地点的蕨类植物混为一谈。其中的一些种类十分古老，有着久远的化石记录，但是大多数的（大约 80%）是新近产生的，它们归属于比最早的有花植物还要年轻的各个科之中。一些种类的蕨类植物的确是在仅仅两三百万年前才演化出来的，而有的甚至是在末次冰期的时候才出现。蕨类植物不是在同一时间同时发生的类群，无论它们出现于何时何地，它们可真的都长盛不衰啊！

---

1 — 海湾各州指美国临墨西哥湾的五个州，分别是佛罗里达、亚拉巴马、路易斯安那、密西西比和得克萨斯。

第
四
章

蕨类植物的
适应性

16. 土豆蕨

认识热带美洲的土豆蕨——茄蕨属（*Solanopteris*）——的过程可谓一次十分疼痛的经历。茄蕨属的变态茎看起来像一些小小的土豆（图77、78，彩图25），这里面居住着一群群凶猛的蚂蚁，尤其以阿兹特克蚁属（*Azteca*）和弓背蚁属（*Camponotus*）的蚂蚁居多。如果你触碰到了这些蕨类植物，哪怕只是轻轻的一下，蚂蚁们都会一下子从茎里冲出来爬满你的手指和手腕，直到它们找到一个柔软的部位，然后报复般地用力咬下去。当我在哥斯达黎加第一次采集一种茄蕨的时候，它们就是这样对待我的。那种感觉就像手上的毛被烧焦了一样。

不过不需要担心，哪怕现在你身处哥斯达黎加至秘鲁的雨林里——这些土豆蕨的分布地（图79），你几乎没有机会看见五种茄蕨当中的任何一种，因为它们都生长在高高的林冠上，通常长在最外层的树枝上。和其他的附生植物一样，它们的营养来源也是雨水、尘土和林冠的凋落物；不过它们可不是寄生在宿主植物之上的。如果它们随着树枝一起掉了下来或者有的树枝刚好生长在向阳的河畔，你还是有幸可以见到它们的，不过很难有机会被这些蚂蚁咬到，除非你去晃动这些蕨类植物。

这些所谓的"土豆"，是由其中居住的蚂蚁们以短横走茎"建造"

　　　　　　　　　　　　　　　　　　蕨类植物的秘密生活

的结构。这种纤细的横走茎是很多水龙骨科植物的典型特征。这些短横走茎膨胀形成了高尔夫球大小的结构（Hagemann 1969）。虽然它们看起来不像是茎，但是它们具有的茎的"天赋"暴露了它们的本质，也就是有时它们上面会长着一些叶子（图78）。当栽种这些蕨类植物时，即便没了蚂蚁，这些土豆模样的茎仍然会存在。这些变态的茎长得像土豆一样，于是植物学家给这样的结构起了一个名字——"块茎"。这个"土

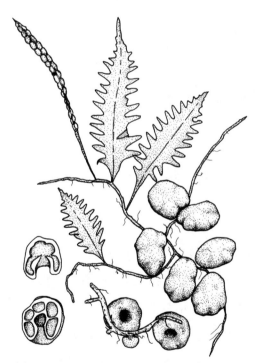

图77　异叶茄蕨（*Solanopteris bifrons*）。左下：块茎的横切面，展示内部的腔室；中下：块茎的腹面，展示供蚂蚁进入的孔洞。作者绘图。

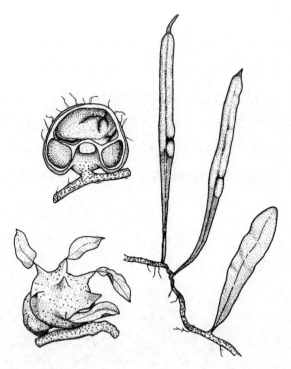

图 78　卑斯麦茄蕨（*Solanopteris bismarckii*）。左上：块茎的横切面，展示
　　　腔室、入口以及根和内壁连接方式；左下：生有叶片的块茎侧面。
　　　作者绘图。左图参考：Rauh 1973。

豆样"的外形最终演变成了它们的学名茄蕨属（*Solanopteris* : *Solanum*
茄属，也就是土豆所在的属，加上 *pteris*，蕨类植物）。

　　茄蕨属和其近缘属小蛇蕨属（*Microgramma*）的区别仅仅在于
是否有块茎。在演化树上，茄蕨属是嵌套在小蛇蕨属当中的（见第 7
篇）。因为这个原因，植物学家现在将茄蕨属并入了小蛇蕨属（León and
Beltrán 2002；见第 7 篇关于如何处理并系类群的论述）。

　　　　　　　　　　　　　　　　　　　　　　　蕨类植物的秘密生活

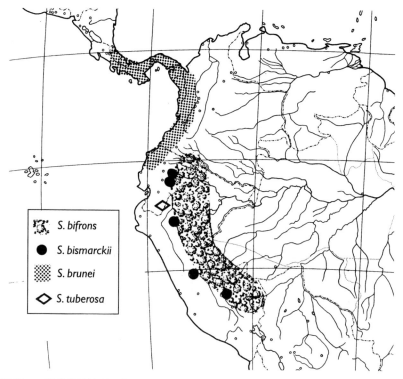

图 79 四种茄蕨的地理分布。

　　块茎的腹面有一个供蚂蚁进入的孔洞。块茎的内部，有几个内壁光滑的空洞腔室。孔洞入口边缘的根萌发进入到孔洞里，而不是伸到外部的基质中。根一旦进入孔洞，就会贴着腔室的内壁生长，并且长出一层浓密的具有吸收作用的棕色毛。

　　起初，植物学家们认为这些块茎是通过水流进入孔洞来收集和贮藏水分的。在野外观察后，这种猜想就被放弃了，理由是野外观察发现块茎其实是贴近树枝表面生长的，而且孔洞入口是向下的，这和原先人们以为的块茎可以收集雨水的功能不符。随后费尽心力的观察研究确立了蚂蚁和这些植物的关联，同时植物学家们认识到这些块茎起到了保护蚂蚁的作用，为蚂蚁们提供了一个安全产卵和抚育幼虫的场所。不仅如此，幼嫩的块茎内侧柔软多汁的组织可以让蚂蚁们大快朵颐，享受免费的午餐，同时也让腔室内部的空间变得越来越大以供将来所需。作为回馈，这些植物也享受了来自这些小小寄宿者的保护。

然而，早期认为块茎可以贮存水分的观点也不是完全错误的。不过，当然不是之前认为的水可以通过孔洞流入块茎之中。蚂蚁们将有机物碎屑带到块茎里，还把死掉的蛹和幼虫的粪便留了下来，所有的这些东西腐烂之后形成了有机的腐殖质。随着腐殖质的不断蓄积，慢慢地块茎里没了蚂蚁的空间。于是蚂蚁就离开了这个"拥挤"的房子，开始寻找下一个清新洁净的"新家"。被遗弃的块茎开始发生变化：它们渐渐地开始收缩，压缩其中的腐殖质，而外壁分解变得可以透水。就这样，腐殖质吸收着所有渗透进来的水，溶于水中的养分被块茎内壁上厚密的根所吸收。被遗弃的充满腐殖质的块茎就像是高高挂在林冠枝头的一颗颗小小的、吸满水的海绵球。（Gómez 1974，1977；Wagner 1972）

这些"海绵"，为植物提供了维持生命所需要的水。尽管土豆蕨生长在热带雨林里，环境中通常充满水分，但是林冠有时却处于一个严酷的、易干旱的状态，这里受到阳光猛烈的照射，温度灼热，还流动着干燥的风。林冠的情况要比林下地面严峻得多，附生植物们无法依赖土壤中持续供应的水分，经常处于脱水的危险中。

茄蕨属是热带美洲蕨类植物演化出的和蚂蚁有共生关系的唯一的

　　　　　　　　　　　　　　　蕨类植物的秘密生活

一个属——新世界独有的蚁共生植物。在旧世界的热带，蕨类植物也有且仅有一个属演化出了供蚂蚁居住的茎：蚁蕨属（*Lecanopteris*）。这个属大约有13种植物，全部都在东南亚，主要分布于苏门答腊至新几内亚的群岛上。蚁蕨属也属于水龙骨科，但是和土豆蕨的亲缘关系甚远。蚁蕨属和茄蕨属的不同之处在于，蚁蕨属仅有一种极度增大的茎，要是一脚踩上去，一下子就能被踩瘪。蚁蕨的茎就像是一个蚂蚁居住着的宽敞的大屋子。（Gay 1991，1993）

由于和蚂蚁有着特殊的关系，土豆蕨成为了热带美洲最受关注的类群，可是我们仍然对它知之甚少。关于这种蚂蚁—蕨类植物共生的研究主要集中在一个产自哥斯达黎加的种。关于南美的物种，仍然有许多值得期待的故事等着人们去挖掘，我们所能发现的远不止一个个小小的"土豆"。

17. 蕨类植物是如何长成大树的？

回答这个问题：一棵树每年长高 6 英寸（15 厘米），如果你在地面以上 4 英尺（122 厘米）的地方钉一个标记，两年以后来看标记会有多高？被提到的数字所欺骗，一些人会回答 5 英尺（152 厘米）。其实标记停留在原高度，因为一个成熟树干的任何一段都只在宽度上增长，不会往高处长。

宽度的增长对长成一棵树来说是至关重要的。树木必须要增宽它们的茎干才能支撑上部新生枝条和叶片增长的重量。没有这个能力，茎干就会被压弯。我们身边的树——大多是针叶树和双子叶开花植物——通过一层薄薄的分生细胞（我们称之为维管形成层，位于树皮下面），产生木质来增宽茎干。这种在周长上的增长产生了树干切割后所见到的年轮。变宽和木质化是如此平常，以至于我们倾向于认为它是长成一棵树的唯一方法。然而蕨类植物缺乏产生木质以增宽其茎干的能力，那么它们是如何长成一棵大树的呢？

树蕨（彩图 7）已经为树状生长演化出了两种基本方法。首先，它们通过叫作厚壁组织（sclerenchyma，源自希腊语 scleros，坚硬的）的硬化组织增强茎干内部。这种组织围绕着输导组织（木质部和韧皮部）

　　　　　　　　　　　　　　　　　　蕨类植物的秘密生活

和茎干的表皮（图80和图81），沿着茎干纵向生长。这好像在混凝土柱中加入了钢条一样加固了茎（从植物学的角度来讲，厚壁组织不能叫作木头，因为它缺乏输导细胞且不是由维管形成层产生的）。由于厚壁组织坚硬耐腐蚀，所以树蕨的树干成了热带边远林区的建材。在美洲热带地区，茅草屋或门廊屋顶用树蕨的树干来做支撑是很常见的。

此外，在森林被清理成牧场后，很容易看到树蕨像孤独的哨兵独自站在那儿。农民一般不砍伐树蕨，因为它们的厚壁组织太过坚硬，很快就把斧子或链锯磨钝了。实际上，用链锯切割树蕨是相当危险的。厚壁组织的碎片会卡在链子和刀片之间，让链子折断崩飞出去。如果有农民想砍倒一棵树蕨让它躺在他的牧场里，又会有另外的问题：树干要花10～15年才能分解，在此期间牛群容易被它们绊倒。所以农民们经常把树蕨立在那儿留着，由此形成了风景优美的树蕨镶嵌草原。

蕨类植物长成大树的第二种方法是通过外层稠密的、金属丝状的且互相交织的根被（不定根）来支撑。这个根被通常比茎干宽2～5倍（图82）。它坚硬耐磨，就像铠甲一样保护着茎干，更重要的是有效增宽了茎干，从而可以支撑上部植株的重量。这种根被通常在树干基部最宽，在那里它有更多的时间来生长。

根被已被用于一些特殊的用途。它们能被切割成叫作树蕨纤维的块状基质用于附生兰花的栽培。园艺学家们将树蕨纤维视若珍宝，因为它很耐用而且兰花很适应。现在很少看到有树蕨纤维在苗圃卖了，因为进口树蕨是非法的，所有种都受《濒危野生动植物种国际贸易公约》（CITES）保护。另外一种用途是雕刻成花盆或雕像（彩图8）。在墨西哥，这样的雕刻被叫作 *maquique*（图82）。这两种用途都依赖于根被的

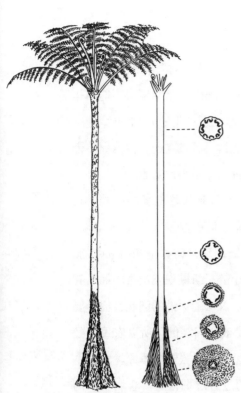

图 81 树蕨（桫椤属）树干的横截面。黑色的组织（厚壁组织）围绕着输导组织（木质部和韧皮部）沿树干纵向分布，提供结构支撑。拍摄：Benjamin Øilguard。

图 80 一棵典型树蕨的结构。左图，生长习性，展示在树干基部增宽的根被。右图，树干不同高度的横截面。点状代表沿树干纵向分布的用于支撑的厚壁组织。

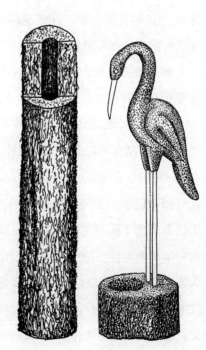

图 82 左图，由根被环绕着曾是茎干所在的空心柱状空间的树蕨树干。右图，来自墨西哥的雕刻品，被称为 *maquique*，由树蕨树干的根被雕刻，基座上的洞是茎干被去除的位置。

蕨类植物的秘密生活

图83 来自瓦努阿图的约 1900 年时用树蕨树干的根被制作的仪式雕像［左图，安布里姆岛（Ambrym Island）；右图，班克斯岛（Banks Island）］。右边的雕像展示浅色的石膏状涂层的痕迹，叶子和羽毛的头饰被放置在顶部。两件雕像的树蕨都被倒置了，树蕨是底部最宽，在那里根被有最多的时间积累。致谢：Metropolitan Museum of Art, the Michael C. Rockefeller Memorial Collection, gift of Nelson A. Rockefeller, 1972。

坚硬，这也验证了它们支撑茎干的出色表现。

也许树蕨树干最不寻常的用处是在瓦努阿图（前新赫布里底群岛），在新喀里多尼亚东北部。那里的人们将树干雕刻成别具风格的面部或全身像，然后给它们裹上一层薄的黏土或泥浆，等干了后再涂上植物或矿物颜料（图83）。这种雕刻有两种用途。主要的一种用途是用于男人在宗教或社会等级提升过程中的系列仪式。每推进一级，就雇一位能工巧匠来雕刻一棵树蕨用于仪式，然后把它留在仪式现场让它慢慢腐烂。

还是在瓦努阿图，树蕨茎干被雕刻成代表祖先的头并作为最高点安装在举行仪式的房门上。祖先的脸向下看着每一个进出小屋的人，打量着人们是否打破了禁忌，是否因此不应该进入这个建筑。如果有谁做了不该做的，祖先就会通过超自然的惩罚使他们得病。

根被存在于已知最古老的蕨类植物辉木（*Psaronius*，合囊蕨科）中。辉木伴随着芦木和鳞木在约 3.45 亿年前至 2.8 亿年前的石炭纪煤沼兴旺发达。要感谢它的根被，使它的树干能长到9英尺（约3米）高。根被有一个次要的、附带的功能：它们作为基质服务于很多附生的植物。这些植物将根和枝条穿过根被，在树干的一侧找到一个稳固的立足点。（Rothwell and Rosessler 2000）同样的事情仍然发生在今天的热带雨林里的树蕨（桫椤科和蚌壳蕨科）上。事实上，一些现今的蕨类附生植物几乎只长在树蕨的根被上，比那些长在缺乏根被的种子植物的树干上的其他同类要更茂密、更丰富。（Moran et al. 2003）

　　另一种使用根支撑的古老树蕨是登普斯基蕨（*Tempskya*），它在1.41亿年前至0.65亿年前的白垩纪兴盛于北美洲、欧洲和日本。它的树干有18英尺（6米）高，1.5英尺（0.5米）宽。登普斯基蕨与现生物种截然不同，它的树干是由密密交错的根组成，并以此为基柱支撑着许多分枝的、像铅笔一样粗的茎干（图84）。在一些交接部分，有多达180条茎干，但是它们对支撑树干所起的作用甚微，这部分工作主要是由根组成的基柱所完成的。这种支撑在超过10英寸（25厘米）宽的树干基部尤为明显，这里的茎干基本完全腐烂掉了，只剩下根独自支撑树干的重量。登普斯基蕨成了一种自我支撑的附生植物。

　　登普斯基蕨树干的多茎结构展示了一种特殊的树的形象（图84）。不像现在的树蕨将枝叶聚集在树干顶部，登普斯基蕨沿整个树干都长有叶子。没有人知道登普斯基蕨属于蕨类植物中的哪个科，尽管有人猜想是莎草蕨科（Schizaeaceae）。为了方便，它通常自成一科——登普斯基科。

　　以前蕨类植物中还有一个能长成树状的科是紫萁科。今天的许多（该科）物种，例如分株紫萁（*Osmunda cinnamomea*，又叫桂皮紫萁）、

图84 登普斯基蕨，来自白垩纪的化石树蕨。左图，生长习性，展示沿着树干生长的叶子。右上图，树干的横截面，展示其内嵌的根被。右下图，树干的纵剖面，展示茎干向上生长时的分枝，朝下的点状线代表腐烂中的茎干。由密苏里植物园授权，引自：Andrews and Kerns 1947。

绒紫萁（*O. claytoniana*）和高贵紫萁（*O. regalis*）的短地下茎可以变得巨大，但不会长成树状。在中生代，这个科有许多能长成树状的属，如茎紫萁属（*Osmundicaulis*）、古紫萁属（*Palaeosmunda*，彩图16）、丛蕨属（*Thamnopteris*）和扎勒斯基蕨属（*Zalesskya*）。它们通过往上加紧交叠的硬化叶基（叶柄）来增宽茎干，而交织其间的根将它们连在一起，某种程度上又增加了茎干的强度（彩图16）。

关于紫萁属植物叶柄有多硬我曾经吃过一次教训，并由此认识到它们在一个树状的化石物种中是多么出色地支撑起主茎的。那时我在弗吉尼亚西部的山湖生物站（Mountain Lake Biological Station）上一堂

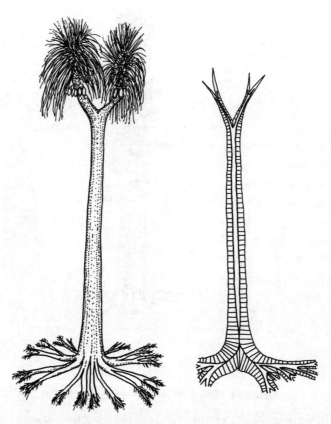

图85 封印木属（*Siggillaria*），一种生长在石炭纪煤沼层里的石松类植物。
右图，纵切面，外部树皮层（直纹）加厚支撑着树干。

我的一位论文导师沃伦·H. 瓦格纳（Warren H. Wagner）的蕨类植物学课程。有一天，他要求我准备一个紫萁属植物根状茎的横截面用于课上展示。我挖起一棵植株并尝试用一片新的剃须刀片来切割叶基，而刀片仅仅割进表面。我只好借助木匠的锯才得以完成任务。然而，结果是值得的。根状茎截面显示出中间有一根窄的、白色的茎在环绕四周的许多黑色叶基组成的盔甲之下。这个根状茎尽管更窄些，却与它中生代的亲戚们的树干基本结构相差不大。

除了蕨类植物，在石松类植物中也曾演化出树状的物种。尽管今天的石松类植物缺乏树状的物种，但它们在石炭纪的亲戚——鳞木类——却是巨大的乔木（见第 11 篇）。它们有 20 ~ 165 英尺（10 ~ 55 米）高、6 英尺（2 米）宽，这个尺寸哪怕和今天的树木相比都算高的。它们通过增加外面的树皮层（图 85）长成树状，但它们不长木质。鳞木生产的树皮量是如此之大，以至于它构成了伊利诺伊州某些煤矿的主要成分。

与鳞木类长在一起的是芦木类（芦木科，见第 11 篇），是现代木贼类（木贼科，第 12 篇）的亲戚。它们的树干高耸至 90 英尺（30 米）、宽达 24 英寸（60 厘米），由维管形成层生产的不断增宽的木质层来支撑。就这一点来说，它们长成树木状的方式与有花植物和裸子植物中树状物种的生长方式相似。

蕨类及石松类植物展现出达到相同的结果可以有不止一种方式。不是所有的植物都要通过用木质部来增宽它们的茎干以支撑增长的重量从而长成大树。硬化的组织、根被、叶基外壳和增加外层树皮都一样有效。我们必须抛开所有植物都是像松树和胡桃一样长成树的观念。否则，我们会找错目标。

18. 虹光蕨及其喜阴行为

1988 年 2 月，在巴拿马的一处偏远的热带雨林中，我第一次看到秀丽鬃蕨（*Trichomanes elegans*）这种陆生膜蕨（图 86）。这种植物沿着阴暗的小径一路生长，它鲜明的、带金属色泽的蓝绿色叶子因而显得尤为醒目。那颜色是那么强烈，叶片厚实且闪闪发光，以至于植株看起来像是那些偶尔会在墓地、廉价餐馆和室外花展上看到的塑料蕨。有那么一瞬间，我真以为它是我那爱开玩笑的采集同伴摆在那儿的塑料蕨。

我用两个手指揉搓了下叶片——它是真的！十分肯定。但是金属光泽的蓝绿色还是十分具有欺骗性的。当我从不同的角度看叶片时，那种颜色在叶表面闪出微光；但当从与叶片平齐的角度看过去时，那种颜色就消失了，叶片呈现出叶绿素的常见绿色。回去后会有人相信我说的这种颜色吗？我决定拍下这个植物，于是取出装有高速胶卷的相机来拍森林地面的深荫。我瞄准、对焦并按下测光表的按钮。表的指针指向零——太暗了。只好等到另一个亮一点位置的植株再拍这张照片。

回到美国后，我意识到这是我第一次遇到一个带虹光的蕨类植物。只有几种蕨类植物是闪虹光的，它们都来自热带（彩图 10）。它们闪着像鬃蕨属那样的金属光泽，但是有些是天蓝色而非蓝绿色。我想知道是

图86 一种来自热带美洲的带虹光的膜蕨——秀丽鬃蕨。

什么奇怪的魔力让它们产生了虹光，以及它又提供给植物什么便利。去了一趟图书馆便解开了这些我想探知的疑团，果然，是由几位植物学家给出的。

第一个研究虹光的是恩斯特·斯塔尔（Ernst Stahl），他是一位在爪哇岛茂物（Bogor）工作的德国形态学家。1896 年，他观察了一种带虹光的卷柏［藤卷柏（*Selaginella willdenowii*），彩图 24］后推测它的蓝色金属光泽是由遍布在角质层（一层覆盖在植物表皮外的、没有活性的油脂或蜡质薄层）上的反光色素颗粒造成的。

接下来的 75 年就再也没有关于虹光现象的进一步研究了，直到来自密歇根克兰布鲁克科学研究所（Cranbrook Institute of Science）的德尼·福克斯（Denis Fox）和詹姆斯·韦尔斯（James Wells）研究了斯塔尔研究过的藤卷柏。他们观察到当植株的叶片被水或酒精沾湿，或要枯萎时，虹光便消失了。对应地，让湿润的叶子变干或者萎蔫的叶子重新舒展，虹光又会重新出现。福克斯和韦尔斯（1871）从观察中总结出，虹光现象一定是由光学作用导致的，而非色素。

接下来的进一步研究则是 20 世纪 70 年代中期由戴维·李（David Lee）做出的，他现在在佛罗里达国际大学（Florida International University），是研究植物如何与光线互相作用的国际权威之一。戴维指出，藤卷柏不含有可用有机溶剂提取的虹光色素，而这样的色素也不存在于任何动植物中。此外，用光学显微镜进行的研究也没有显示角质层中有色素颗粒存在。这些研究（Lee 1977, 1986；Lee and Lowry 1975）和福克斯与韦尔斯的研究一起彻底否定了色素假说。

但是虹光是如何产生的呢？李指出颜色的性状可以用一种叫作"薄膜干涉"（thin-film interference）的光学现象来解释。这种现象发生在一个薄层或薄膜出现在两种具有不同反光能力的物质（如水和空气）的时候。在薄膜的上层或下层发生反射后，特定波长的光线（颜色）发生"相长干涉"（constructive interference）还是"相消干涉"（destructive interference）取决于薄膜厚度和折射率。如果反射自底部的波峰穿越过薄膜层回到表面，与表层反射的波峰重合，那么光波彼此增强，颜色也增强。这样的波被称为相长干涉（图 87）。如果这两种波分别从薄膜的上表面和下表面反射后没有重合，且它们不同步成波峰和波谷对齐，那么这两种波互相抵消，可称为相消干涉。这种情况下，给定的波长没有产生色彩，这种看似矛盾的现象一般在几乎没有光线的地

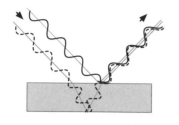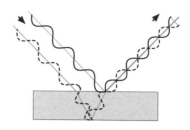

图87　薄膜干涉原理。画阴影的矩形代表薄膜，与它上面或下面的材料折射率不同。这种区别导致光线从薄膜的上表面和下表面进行反射。如果反射的波长一致(左图)，它们重合在一起（相长干涉），产生虹光。如果波峰和波谷在一起（右图），这两种波长彼此抵消（相消干涉），则没有色彩产生。

方产生。在卷柏属和鬃蕨属中，这个薄层恰好是能通过相长干涉让蓝光增强的厚度，而几乎所有其他波长的光都会因为相消干涉而消失。

　　尽管关于颜色干涉的解释可能看起来比较奇怪或者难以理解，但这种现象却是大家所熟悉的。我们会在有着油膜的水坑或湿沥青上看到彩虹颜色的圆环；我们在相机和双筒望远镜镀膜镜头上，或某些蝴蝶和甲壳虫翅膀上，可以看到这种带颜色的金属色泽；我们还可以在冲泡过的咖啡渣上的泡泡表面看到这种颜色。泡泡表面展现出的小块打旋的区域涵盖了从红到绿到蓝色，及至整个光谱的颜色。特定颜色的出现取决于泡泡膜的厚度（薄膜往往会在顶部最薄，在底部最厚）。咖啡渣泡泡上的颜色在暗背景下很容易看到，而在明亮些的背景中光线会散射，消融颜色。

　　李猜测藤卷柏的虹光是由下表皮的薄层造成的。这一层会反射更多蓝光的同时透过更多红光，所以叶片才会呈现蓝色。1978年他和法国蒙彼利埃大学（University of Montpellier）的查尔斯·埃邦（Charles Hébant）开始寻找他猜测的这个薄层。他们从计算一个反射细胞壁中蓝光所需的薄层的精确厚度开始。最终得到了 71 ～ 80 纳米（1 纳米为 1 毫米的十亿分之一）这个厚度。他们选取了两个带虹光的卷柏属物种［藤卷柏和翠云草（*S. uncinata*）］，并用透射电子显微镜来观察其薄薄的叶片的横截面。他们在上表皮的外层细胞壁中发现了不是一个，而是两个彼此平行的薄层——正是动植物中能增强虹光色彩的排列方式。将正常的带虹光的植物放在全光照下培养后就变得没有虹光了，此时叶片中是缺失这些薄层的。这些发现确证了虹光与薄层是紧密相关的。

　　除卷柏以外，在其他带虹光的蕨类植物中也发现了这一薄层。到目前为止，只有五个种［多孔蕨（*Danaea nodosa*）、绒毛双盖蕨（*Diplazium tomentosum*）、亮叶鳞始蕨（*Lindsaea lucida*）、圆齿符藤蕨（*Teratophyllum rotundifoliatum*）和秀丽鬃蕨］被研究过，但已足够

图88 一种虹光蕨类亮叶鳞始蕨上表皮外层细胞壁的横截面中的多重薄层。由戴维·李用透射电子显微镜拍摄。

蕨类植物的秘密生活

证明薄层的位置在种与种之间会有变化。在多孔蕨属（*Danaea*）、双盖蕨属（*Diplazium*）、鳞始蕨属（*Lindsaea*）和符藤蕨属（*Teratophyllum*）中，薄层存在于上表皮的细胞外壁且互相平行——就像卷柏属中的一样（图 88）。但是薄层的数量是 18 ~ 30 个，而不是卷柏属中那样的 2 个。（Gould and Lee 1996；Graham et al. 1993；Nasrulhaq-Boyce and Duckkett 1991）在鬃蕨属中，薄层存在于叶绿体中，而不是上表皮的细胞外壁。叶绿体中被称为"叶绿体基粒"的深色体堆叠出能反射蓝光的精确厚度的薄层。因为这些薄层是在细胞里面而非细胞外壁，所以它们不受湿度影响，否则湿度会改变薄膜的折射率，导致它们失去反射蓝光的能力。因此，秀丽鬃蕨的叶片能在湿润的情况下保持虹光。

虽然在薄层的细节上有所差异，但这些虹光植物和卷柏属植物仍有一点是相同的：它们倾向于生长在很阴暗的环境里。这表明虹光现象是一种对黑暗环境的适应。生长在森林地被的植物所接收到的光照通常不超过森林上方全光照的 1%，严重昏暗的光线限制了大部分植物的光合作用。（在哥斯达黎加的拉塞尔瓦生物研究站，戴维·李发现秀丽鬃蕨在森林地表上某一点接收的光是全光照的 0.25%。）但是低光照还只是问题的一半；光量——组成光线的不同颜色的数量，也少得可怜。红光很缺乏，因为大部分都被上部的植被吸收了。在红光殆尽的光线中植物会凋萎，因为红光是光合作用中最高效的光。站在植物的角度来看，森林地表实在是一个艰苦卓绝的环境，它不仅昏暗还缺乏红光。

在这些昏暗、压力重重的环境中经常能找到带虹光的物种。因此，虹光现象想必能从这种类型的环境中获益。它究竟是如何获益的呢？一种设想是虹光现象能让更多珍稀的红光穿过表皮细胞壁进入发生光合

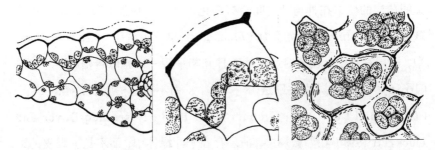

图89　圆齿符藤蕨的叶片截面图，展示位于上表皮细胞底部的叶绿体（阴影处）。光线被透镜状的外层细胞壁聚焦到叶绿体上。左图和中图，横截面。右图，平行表皮切面，以近乎叶片表面的角度切割。图片参考：Nasrulhaq-Boyce and Duckett 1991。

作用的叶绿体。红光的增透膜能增强光合作用，有利于植物生长。我们也知道，红光能转化生成两种植物激素：红光吸收型光敏色素（Pr）和远红光吸收型光色素（Pfr）。它们的相对数量控制着细胞中特定的生理过程。但是关于虹光现象的适应意义还有待验证，没有人确切知道这种意义（如果有的话）是什么。它可能是看不到的，而虹光现象只是一个美丽的副产品。

虹光蕨和卷柏的确拥有在昏暗的森林地表生活的适应性。大多数植物的每个细胞中有 20 ～ 200 个叶绿体，每个直径只有 4 ～ 6 微米。但是虹光蕨和卷柏的每个细胞中只有 1 ～ 12 个叶绿体，每个直径10 ～ 27 微米。拥有更少但更大的叶绿体使一个近乎连续的捕光层得以形成（图 89）。

这些植物的捕光能力被上表皮的外层细胞壁的形状进一步增强了。在卷柏和符藤蕨属中，这些细胞壁弯曲得像凸透镜。当在高倍放大镜下

　　　　　　　　　　　　　　　　　　　　　　蕨类植物的秘密生活

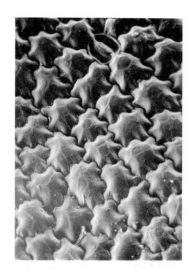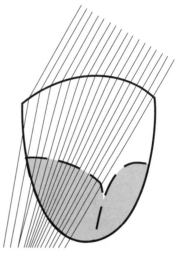

图 90　左图，藤卷柏凸起的上表皮细胞；由戴维·李用扫描电子显微镜拍摄。
右图，射线轨迹图，展示光线是如何被上表皮凸起的细胞壁聚焦的。这
种弯曲能聚焦更多的光线到叶绿体（阴影处）上。图片参考：Lee 1986。

看到整体时，它们就像塑料泡沫的包装材料（图 90）。它们类似透镜的
形状聚焦位于细胞后部的叶绿体上的光线，这使它们排列得平行于叶
表面从而呈现出捕捉进入光线的最大表面积。

　　虹光蕨和卷柏这种捕捉光线的适应性可以比作我在巴拿马用来拍
摄秀丽鬃蕨的相机。植物上表皮的薄层就像相机镜头上的镀膜，某些颜
色反射得更多，而另一些反射得更少。凸起的细胞外壁则对应镜头，向
细胞后部聚焦光线。而叶绿体位于聚焦点上，就像相机的胶卷，吸收进
入的光线以产生变化。当然，这种类比可能有点儿扯远了。虹光蕨和卷
柏可以在昏暗的森林地表表现良好，而我的相机可不行。

19. 叶上的鳞片和水分获取

　　那是 7 月的伊利诺伊州南部一个典型的炎热午后，在石灰岩山上的草原上，一位植物学家和他的同伴正步履艰难地穿越草地朝着树木繁茂的山脊顶部行进，在那儿他们可以在刺柏和马里兰栎的阴凉处停下来休息。休息的时候，他们注意到了附近一处岩壁上长有一小片水龙骨状百生蕨（*Pleopeltis polypodioides*）。这一小片已经完全干透了，它的叶片弯曲和扭卷成 C 形和 J 形的样子。羽片从叶尖朝里翻卷，露出叶的下表面，覆盖着数百个小小的、发白的鳞片。整体来看，植株已经死亡且扭曲了，就像尸体僵直了一般（彩图 17）。

　　这位植物学家告诉他的朋友，这种蕨类植物的"死"只是暂时的。下透雨过后的数小时内，植株就会重新活过来，它的叶子会舒展成充满活力的绿色光合器官，而整个植株都会呈现出一副好像一直处于园艺能手照料下的状态（图 91 和彩图 18）。植物学家断言，叶片卷曲的状态将会保护它们的上表面减少过多的水分流失—直到雨水来临。此外，叶片下面的鳞片（图 92）覆盖住了部分气孔——水分会从这些小孔里挥发，因而可以防止叶片干枯。

　　然而接下来的几天，这位植物学家重新反思了他关于叶片为什么卷曲的解释。为什么卷曲是要保护叶片上表面呢？假定这一面由于缺乏气孔而流失很少的水分，那么通过卷曲叶子来保护下表面不是更有意义吗？经过一番思忖，这位植物学家感到有点不好意思，并向他的朋友承认之前关于叶片卷曲的解释可能不太对。

　　早在20世纪20年代，有一位植物生理生态学家路易斯·佩森（Louis Pessin）也产生了类似的想法。佩森在密西西比州工作，这里的水龙骨状百生蕨长在很多树的树干和枝条上，尤其是在槲树上。他看到

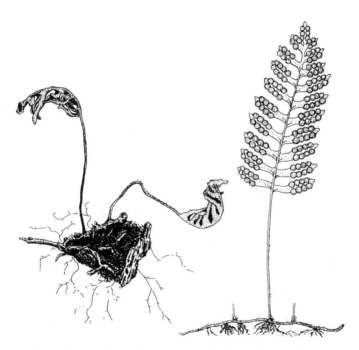

图91 干枯的和充分复水的水龙骨状百生蕨。左图绘制：Sam Wilkes；右图绘制：Haruto M. Fukuda。

图 92　水龙骨状百生蕨叶片下表面，展
　　　示可以将水分送到叶肉中的鳞片。
　　　每个鳞片在它的连接点上都是深
　　　色的。每个羽片上部叶缘附近的
　　　三个大的深色点是孢子囊群。图
　　　片：Gordon Fosten。

这种蕨类植物怎样在干的时候卷曲，也知道其他很多叶子密被鳞片的蕨
类植物也是如此。佩森想要知道为什么这些蕨类植物卷曲起来暴露它
们的叶片下表面而不是反向卷曲将其隐藏起来。他决定通过实验来寻
找答案。

　　为了验证他的叶片下表面因为有更多的气孔而比上表面流失水分更
快的猜测，他从百生蕨的茎上摘了叶片并设置成四个实验组，每组四枚
叶片。在第一组中，他把叶片每一面都涂上可以阻止水分挥发的凡士林。
在第二组中，他只给叶片的上表面涂而没给下表面涂。在第三组中，只
有下表面涂了。而第四组中则都没涂。然后佩森给叶子称了重量并放入
干燥器（一种密闭的容器，底部有吸收水分的化学药品）中。每天他都
会给叶片称重，如此坚持一周。

　　不出所料，佩森发现所有完全涂覆的叶子流失的水分最少，而没有
涂覆的叶子流失的水分最多。更有价值的发现是，只涂覆上表面的叶子
流失的水分是只涂覆下表面的几乎两倍。这意味着，卷曲对防止叶片进
一步干枯几乎不起作用。

这个实验也表明叶子可以几乎全部失水而不死。有一些失去了正常含水量的 76%——这对植物来说是一个惊人的数字，因为大部分植物只要失去 8% ~ 12% 后就会死亡。（植物学家们已经发现水龙骨状百生蕨可以流失多达 97% 的水分而不受损。）水龙骨状百生蕨可以流失叶片中所有的自由水，此时细胞中没有可以和有机物质结合的水。这种蕨类植物能一直硬挺着等到下次雨水的到来。叶片卷曲不是为防止水分流失的适应性，因为这种蕨类植物的组织能忍耐极度的干旱，所以压根儿不需要这样的适应性。但是为什么每当干枯的时候，叶子都会卷曲露出它们的下表面呢？

佩森推测这种蕨类植物暴露它的下表面是为了捕捉雨滴来让叶子重获水分。他知道根在这里扮演的是一个无足轻重的角色，因为它们不能足够快地吸收水分。他通过把干枯植株的根泡到水里来证明这一点。植株会重新获得水分，但需要好几天的时间，远比把叶子弄湿后放在一个湿润的容器里恢复得慢。为了验证他关于叶下表皮吸收水分的想法，佩森以相反的方式重复了他之前的实验：他让四个实验组的叶片复水而不是失水。他在一个湿润的容器中把干燥的叶片悬置在蒸馏水上方。像之前那样，他在把叶片放进容器之前会先称重，然后接下来的一周里每天都再称一次。

佩森（1924，1925）发现下表面没涂覆的叶子比那一面有涂覆的吸水速度快了两倍。这意味着获取水分发生在下表面，而不是上表面。现在看来叶子干燥的时候暴露下表面最终还是有意义的：它能在下雨后帮助叶片重获水分。

（许多干枯时皱缩、卷曲的蕨类植物会在补水后迅速舒展。我第一

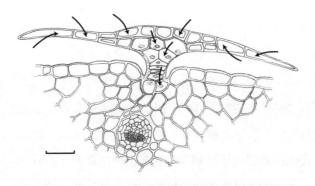

图 93　水龙骨状百生蕨剖面图，展示水分进入鳞片的运动轨迹（箭头所示）。上部细胞是死的、空的，而柄部的细胞是活的。比例尺：50 微米。图片参考：Müller et al. 1981。

次经历这种现象是在去厄瓜多尔一处干热山谷的采集旅途中。我收集了几种已经完全皱缩起来，很难用来制作标本的蕨类植物。我把它们和其他植物一起装在一个密封塑料袋里放了一整夜。第二天早晨，蕨类植物已经复水，还显出生机勃勃的绿色——用来压标本正好！）

　　佩森的实验证明了关于水龙骨状百生蕨的三件事：它的叶片主要从下表面流失水分；它能忍耐极度干旱的环境；它的叶片下表面在复水时能迅速地吸收水分。只剩下一个问题：复水的时候，水分是如何进入叶子的？像所有的陆生植物一样，水龙骨状百生蕨的叶子被一种不渗水的叫作"角质层"的薄层覆盖着。这个表层可以阻止叶子内部水分的挥发。但它在锁住内部水分的同时，也阻止了外部水分的进入。佩森之后的植物生理学家证明了水分可以绕开角质层，而从叶片下表面的鳞片进入叶子并输送到各个部位（Müller et al. 1981；Stuart 1968）。每个鳞片包含两部分：一个扁平的盘状部分，这是由许多死去的空细胞组成

　　　　　　　　　　　　　　　蕨类植物的秘密生活

的；还有一个由单列活细胞（4～8个）组成的柄（图93）。柄的最低处那个细胞与叶片中的组织（或者叫叶肉）是相通的。每当叶子打湿的时候，水分就会在毛细作用下进入鳞片盘状部分的死细胞。然后水分就会被柄部的活细胞吸收并汇集到叶肉，在那里水分将被饥渴的细胞吸收。实验证明，水分通过这条通道只需短短的15分钟。最终结果就是，叶子重新舒展了！

从功能上来说，水龙骨状百生蕨的鳞片和某些凤梨科成员的很像。铁兰（*Tillandsia usneoides*，俗称"西班牙苔藓"）就是一个例子。铁兰其实是一种开花植物，而不是苔藓。在整个墨西哥湾沿岸平原，它附生在树上，尤其是槲树上，它形成了美国南方腹地的一道典型景观。铁兰全身覆盖着银白色的小鳞片，像结了霜一样，以至于盖住了叶子本身的绿色。鳞片从空气中吸收液滴，以供应整株植物所需的水分和养料——根完全消失了。由于能从空气中吸收养分，铁兰能装饰在电话线、带刺铁丝网和围栏上。但是铁兰有一点重要特征和水龙骨状百生蕨不同：它的叶子是肉质的，而且在干旱的时候也一直保持这样的状态。它们不能像水龙骨状百生蕨那样变得干枯、卷曲或者耐旱。

关于耐旱蕨类植物的研究给了植物生理学家一次机会，认识到细胞膜、细胞器和光合作用体能在极度干旱中存活又毫发无损地迅速复水，这是多么精妙啊！生理学家之所以对此感兴趣，是看中了它在开发能适应干旱气候的农作物新品种方面的潜在用途。他们的研究成果已经发表在他们领域的科学期刊——那通常是我所在的植物分类学圈子的人都不会去看的期刊。然而我多希望自己能早点看到他们的研究！那样就可以免去那个炎热的7月，我在伊利诺伊州南部所遇到的尴尬了。

20. 水韭的怪癖

"我发现它了！"布莱恩·索雷尔（Brian Sorrell）听起来十分满意地说道，"这是湖泊水韭（*Isoetes lacustris*）。"

"你确定它不是那些看起来近似的其他植物吗？"我问道。

"看一眼叶的横截面"，他说着朝我扔过来一株植物。

布莱恩是一位土生土长的新西兰人，也是丹麦奥尔胡斯大学（Aarhus University）水生植物学的讲师。他和我穿着下水裤站在日德兰半岛中部的卡尔加德湖（Lake Kalgaard）齐腰深的冰冷湖水里。我们在6月上旬就来到这里为布莱恩关于水生植物中的气体运动的研究采集水韭属植物了。我刚刚怀疑他的鉴定是因为有许多生活在湖泊里的水生植物，尤其是海车前属（*Littorella*）和荸荠，它们的叶子极易和水韭混淆。

我接住布莱恩扔过来的植株并进行了检查。不同于大部分植物，它的叶子是柱状的，在一个点上汇成锥形。叶子在短而粗的茎上呈疏松的莲座状，下面悬垂着的发白的根还沾着红泥。我取了其中一片叶子从中间掐断，然后观察断面：有四个气腔。布莱恩鉴定得没错——水韭属是唯一的一类叶片中有四个气室的植物（图94）。

　　　　　　　　　　　　　　　蕨类植物的秘密生活

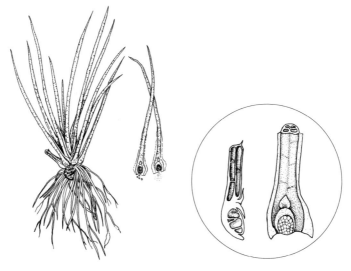

图94 一株湖泊水韭。左图，生长状态。中间图，分离的叶子，每一片都展示了其基部
　　　单独的孢子囊。右图，基部特写，左边展示纵切面上的气室和隔膜。右边顶部的
　　　横切面上可以看到四个气室；基部是一个单独的孢子囊，里面含有孢子；孢子囊
　　　上方是一个卵形结构，叫作叶舌，它的功能还未知。作者绘图。

　　随着晨雾从湖面升起，布莱恩和我继续寻找水韭，一对好奇的黑颈
䴙䴘全程跟着我们。我们在沙砾湖底轻松地蹚水，这主要归功于没有水
下植物的阻拦。我们知道干净的水质、沙质沉积物和稀疏的植被意味着
卡尔加德湖是一个贫营养化的湖泊。这种湖泊的底部沉积物中养分很
少，水体中几乎没有二氧化碳（光合作用的原材料之一）。这解释了为什
么卡尔加德湖里只有这么少的植物——养分过于稀缺以至于不够植物
长出密集的群落。然而，水韭在这儿和其他贫营养化的湖泊里长得都很
茂盛，有时能形成广阔的看起来像墨绿色长绒地毯一般的水下苗圃。

　　为什么其他植物不可以而水韭却能在贫瘠的湖泊里旺盛生长呢?
答案就在于它吸收和储存二氧化碳的方式。布莱恩指着我拿着的植株，
"看到那些气室了吗?"他说道，"它们能让二氧化碳运送到整个叶子。

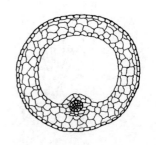

图95 湖泊水韭根的横切面，展示气室和它外部的
维管束。它的解剖结构和石炭纪的鳞木类似。

但是二氧化碳是由根而不是叶子吸收的，这种获取二氧化碳的方式与其他植物完全不同。"我知道陆生植物从空气中吸收二氧化碳是通过叶子上叫作"气孔"的小洞，而水下的水生植物直接透过它们的叶子和茎干从水中吸收二氧化碳（主要以碳酸氢盐的形式 HCO_3^-）。但令人惊讶的是水韭是用根来收集沉积物中的二氧化碳！布莱恩指出这种方式为植株提供了 70% ~ 100% 的碳，这是一个很好的策略，因为微生物的活动，湖泊沉积物的间隙水含有比湖中水高 5 ~ 100 倍的二氧化碳。通过利用这种富含二氧化碳储层的策略，水韭成功地战胜了其他植物。

布莱恩和我往一个塑料三明治袋里塞满了水韭，然后快速回到了大学。在实验室里，我们用一枚剃须刀片把根和叶子切成用于显微镜观察的薄切片。这些切片展现出了这种植物奇特的解剖结构。它的根有一个大大的中央气室，有一根维管束贴着它的外缘（图95）。这种排列方式与 3.45 亿至 2.8 亿年前在石炭纪占统治地位的鳞木是一样的（Stewart 1947）。这就是水韭被认为与这些已灭绝的植物紧密相关的理由之一。

叶子的薄切片也表明这些植物缺少气孔，而其他几乎所有的维管束植物的叶片中都发现有气孔。当然气孔对水韭没用，因为它从水下的

蕨类植物的秘密生活

沉积物中获取二氧化碳（不过那些长在季节性淹没的生境中，一年中部分时期可以从空气中获取二氧化碳的物种也是有气孔的）。到目前为止这些薄切片最显而易见的特征是四个大大的气室，它们占据了叶片横截面面积的 70% ~ 80%。叶片其余部分是没有空隙的基质，即绿色的光合作用组织。

根和叶中的气室以导管的形式传送二氧化碳。来自沉积物的气体穿过根的表面，向上扩散至根的中央气室，随后进入叶子。一旦进入叶子，二氧化碳穿过一个个气室直到它被周围的绿色的光合作用组织消耗殆尽（Boston 1986；Madsen 1987；Wium-Andersen 1971）。

贯穿叶子气室的二氧化碳通道被数个隔膜（或者叫隔墙）打断。这些能在叶子表面看到，每隔 3/16 ~ 3/8 英寸（5 ~ 10 毫米）有发白的横向隔膜的条块。它们可以加固叶片防止淹没后叶子被折断或扯裂。布莱恩在显微镜下观察过一片隔膜，发现它上面有很多小孔。"其他水生植物的隔膜上也会有孔，"布莱恩说，"所以在水韭里发现它们一点也不意外。正是因为这些孔，二氧化碳才得以几乎没有阻碍地通过隔膜。"

然而二氧化碳不是穿越气室的唯一气体，氧气作为光合作用的废气也同样会穿过。不过氧气是以与二氧化碳相反的方向行进的，即从产生它的叶子到根部，然后进入沉积物。一旦进入沉积物，它会与铁结合在根周围形成赭色的氧化带（Tessenow and Baynes 1975，1978）。这就是布莱恩朝我扔来的那棵植株根上沾有红色泥浆的原因。有特定的真菌和细菌生活并完全依存于这个氧化带（即根际），但它们不能存活于湖底其他缺氧的沉积物中。

我们通过对薄切片的观察可以看到，水韭从湖泊沉积物中摄入碳的方式展现了它的适应行为是如此精巧。但有一个适应行为是我们无法看到的，那是一种叫作"景天酸代谢"的生理过程（简称CAM），它改变了光合系统中产生二氧化碳的途径。它也是水韭能成功生活在贫营养化湖泊中的另一个秘密（Keeley 1981 ~ 1998）。

　　1979年，一位洛杉矶西方学院（Occidental College）的生态学家约翰·基利（John Keeley）首次在水韭属中发现了CAM。他的同事们感到十分惊讶，因为CAM此前只知道存在于沙漠植物中，例如仙人掌和景天（后者属于景天科，这种光合途径首次发现于该科）。在这些植物中，CAM是一种为了保存水分的适应。但这种解释对水韭属行不通：水生植物怎么会需要这种节水型的适应性呢？基利和他的同事们现在相信他们知道答案。

　　一般来说，植物在白天吸收二氧化碳，这时它们的气孔是打开的而光合作用也正进行着。到了夜晚，光合作用停止，它们的气孔关闭，不再吸收二氧化碳。CAM的优势在于它能够在夜晚吸收二氧化碳。然而吸收的二氧化碳不能立马使用，因为没有阳光驱动这个进程。CAM所做的只是将二氧化碳和一个有机分子结合（主要）形成苹果酸，这是赋予苹果（*Malus*）和柑橘类水果味道的物质。白天，苹果酸被分解释放出二氧化碳供光合作用所用。

　　这条间接的途径让沙漠植物能够在夜晚低温和空气的蒸发能力低时打开它们的气孔，从而减少植物体内的水分流失。不过它给水韭属的好处却是不同的。CAM增加了植株可以积累二氧化碳的时间——白天和黑夜，而不像没有CAM的水生植物那样只有在白天才能获取二氧化碳。此外，CAM可以循环植株体内由于细胞呼吸作用产生的二氧化碳，一般来说在其他植物中这部分都会流失。但是 CAM 重新捕获了它并保存起来，再次供光合作用使用。

矛盾的是，水韭属也可以生活在富营养化的湖泊中，这种湖泊富含养分且充满二氧化碳。事实上，当以充足的营养物质来培养水韭属时，它长得比在贫营养化湖泊中缺乏养分的条件下要茂盛。那么，为什么与富营养化的湖泊相比，水韭看起来更喜欢贫营养化的湖泊呢? 主要原因是为了与其他植物竞争光线。在富营养化的湖泊中，水韭经常被比它更大、生长更快的植物，如眼子菜（*Potamogeton*）、睡莲（*Nymphaea*），还有金鱼藻（*Ceratophyllum*）等所遮蔽。小一点的生物也会使水韭遭罪：浮游生物使富营养化的水体变暗，这样，阳光在落到其植株之前就被拦截掉了。更重要的是，藻类、海绵动物和硅藻会侵占水韭的叶片表面，进一步夺取光线（彩图 13）。所有这些竞争的结果就是水韭凋萎并最终死去，因此在富营养化的湖泊中很少或没有水韭（Sand-Jensne and Søndergaard 1981；Sand-Jesen and Borum 1984）。

当布莱恩和我结束了一天的工作后清理实验室的时候，我意识到限制水韭生活在贫营养化湖泊中的影响因素之复杂。诚然，水韭拥有不寻常的 CAM 光合途径以及从根部吸收二氧化碳的适应行为，让它在贫营养化的湖泊中能茁壮生长，但是若不是因为与其他水生植物竞争光线，它也可以在富营养化的湖泊中健康成长呢。

21."投毒者"欧洲蕨

在圣路易斯的密苏里植物园的一片栎树和檫木林里，坐落着亨利·肖（Henry Shaw）的墓，这座植物园正是由他在 1859 年建成的。这片小树林的地被大部分是阔叶山麦冬（*Liriope muscari*）、洋常春藤（*Hedera helix*）和扶芳藤（*Euonymus fortunei*），不过也有一片欧洲蕨（*Pteridium aquilinum* var. *latiusculum*，图 96 和图 97）长得很繁盛。这一片欧洲蕨是由园艺学家乔治·普林（George Pring）1910 年种下的单个植株逐渐长起来的（Pring 1964）。[过去，根据特赖恩（Tryon）1941 年的分类，欧洲蕨是其下包含 12 个变种的物种。现在，越来越多的蕨类植物分类学家，包括我在内，认为特赖恩处理的许多变种应该提升到种的等级，因为它们从形态上能够区分；有些情况下，它们还会互相产生孢子不育的杂交后代。]自那以后，这片欧洲蕨宛如恶性肿瘤一般繁殖开来，现在它几乎覆盖了林子的整个西侧。随着它的扩张，成片大而重叠的叶片抢夺了较小的地被植物的阳光，这些缺乏阳光的植物逐渐瘦弱、枯萎，最终死去。偶尔人们也会除去部分欧洲蕨，给这些小地被植物一点阳光来恢复。但这是一件费时费力又乏味的任务，因为欧洲蕨的地下根茎很难清除。不管是在这里还是别处，人们都好奇欧洲蕨

　　　　　　　　　　　　　　　蕨类植物的秘密生活

图 97 欧洲蕨叶边缘向内翻卷，长有孢子囊群，可以保护未成熟的孢子囊。当孢子成熟后，叶缘便向后退。摄影：Charles Neidorf。

图 96 欧洲蕨，来自威斯康星州北部（上图）；丝叶欧洲蕨（*Pteridium caudatum*），来自佛罗里达州南部（下图）。

作为一种有侵略性的野草怎么没有统治这个世界（图 98）。

　　幸运的是，欧洲蕨在大自然中的侵略性被吞食它的敌人们阻止了。牛、马和羊很喜欢去吃它，偏爱那些柔嫩的拳卷幼叶（图 99）。其至人类也觉得这些拳卷幼叶很美味，在韩国和日本，它们被作为一道蔬菜烹饪，有时还会在酒吧被做成一道咸的小菜（Hodge 1973）。1969 年，日本对于欧洲蕨拳卷幼叶的需求是如此之大，以至于需要从西伯利亚进口。在美国洛杉矶的韩裔家庭会在春季采集欧洲蕨的拳卷幼叶。准备烹饪时要把它们在冷水里泡一整夜，煮沸，之后再次浸泡、冲洗，然后将它们与洋葱、大蒜、酱油还有芝麻油一起炒。装盘后，它们看起来就像棕色的细面条，有一种类似芦笋的味道和质地。在附近的圣贝纳迪诺国家森林公园（San Bernardino National Forest），采集欧洲蕨拳卷幼叶已经很是盛行，以至于美国国家森林管理局从1981年就开始发放许可证，且不得不将这项活动限制在指定的区域。每年大约有1500人申请许可证并采摘掉近1600磅（7200千克）的拳卷幼叶。对于不想自己亲自摘的人，可以在亚洲杂货店以每磅6美元的价格买到。它们通常会被装在一个塑料袋里出售，里面还附带一盒棕色酱汁。欧洲蕨可能很美味，但也可能会导致胃癌，最好不要长期、大量食用。

图98 欧洲蕨通过它又深又长的匍匐根状茎扩张发育出广布的群落。摄影：John Mickel。

蕨类植物的秘密生活

图 99 欧洲蕨的拳卷幼叶，可食，但如果长期大量食用可能会致癌。摄影：John Mickel。

欧洲蕨最有效的有毒成分是蜕皮激素（ecdysones），一类能促进昆虫蜕皮（或者蜕化）的激素。欧洲蕨带有这些激素，并且含有激素的部位比其他任何一种植物都多——甚至它的配子体中都有。蜕皮激素被吸收时，过度刺激昆虫进行不受控制的蜕皮，可以扰乱昆虫的正常发育。昆虫很快就死了，不死也只能苟延残喘。

一个关于蜕皮激素残酷性的例证来自英国的一处与哈德良长城相

关的建于公元 100 年的考古遗址。这里,罗马人用欧洲蕨和少量稻草、树枝以及苔藓做成的褥草铺在马厩的地面上。一个铺满欧洲蕨褥草的马厩,里面有约 250,000 只厩螫蝇(*Stomoxys calcitrans*)的蛹壳。昆虫学家们观察了这些蛹壳后,发现它们几乎所有都表现出了发育障碍。最有可能的解释是,这些昆虫在幼虫阶段吃过褥草中的欧洲蕨,最终导致了它们发育受阻。(欧洲蕨被用作牲畜睡觉铺的褥草,它们比稻草有更多优势:吸收湿气,隔热良好,比传统的小麦或大麦秸秆,含有更多的氮。沾满粪便和尿液时,它能迅速分解——褥草被拿来制成堆肥并撒到地里,这一点极具优势。)

除了蜕皮激素,欧洲蕨还会产生硫胺素酶(thiaminase),一种会分解硫胺素(即维生素 B_1)的酶。家畜长期只吃欧洲蕨会因缺乏维生素 B_1 而生病。这种情况一般在春天发生,寒冷的天气会抑制草原上各种牧草的生长,但欧洲蕨不受影响。它的嫩叶照常生长,高高地直立于牧草之上,引导着家畜前来啃食。在汽车普及之前的英国,欧洲蕨导致的维生素 B_1 缺乏症在马匹中非常普遍,因而得名"欧洲蕨蹒跚病"(bracken stagger),正式医学名为共济失调蹒跚病。中毒后最明显的症状就是生病的马在路上会向一侧蹒跚两到三步,然后为了保持平衡它会把腿向外叉开。除了走路蹒跚,还有诸如出血、眼睑内面发炎、发热、低负荷运动后心跳剧烈加速,以及严重的肌肉痉挛等其他症状。如果虚弱的动物继续吃欧洲蕨,一次大的发作通常就是致命一击。英国兽医詹姆斯·赫里欧(James Herriot)写过一本书叫《万物既伟大又渺小》(*All Creatures Great and Small*),书中也曾提到他偶尔诊治过共济失调蹒跚病。

欧洲蕨储有的另一种毒素是氢氰酸（prussic acid）。不像蜕皮激素和硫胺素酶这些是准备好并等候在植株的组织里的，氢氰酸是作为对昆虫啃食它的一种应激反应当场产生的。当昆虫的下颚刺进植物体，被损伤的组织会释放出一种能分解洋李甙（prunasin，一种存在于植物体组织中的分子）的酶，而洋李甙分解后能产生氢氰酸，氢氰酸可以杀死或阻止正在攻击的昆虫。

能生产氢氰酸的植物被称为"生氰的"。欧洲蕨是兼性生氰的，也就是说，它可以开启或停止洋李甙的生产（Cooper-Driver 1985, 1990；Coper-Driver and Swain 1976）。这种转换与植株的年龄还有其所处的环境相关。总体来说，嫩叶比老些的叶子更容易生氰，生活在阴凉处的比阳光下的更容易生氰。然而没有人知道这种转换在植株与吃欧洲蕨的昆虫的斗争中扮演了什么样的角色。

昆虫学中的一个例子展示了生氰的植物能多么有效地杀死昆虫。在氢氰酸能从化学供应品公司买到之前，昆虫学家在他们的杀虫罐中装满了碾碎的樱桃叶。这些叶子能够释放氢氰酸，在数分钟之内便能在罐子中积累出足以杀死昆虫的浓度。［洋李甙得名于李属（*Prunus*），就是樱桃所在的属。撕开它的叶子，或者用嫩枝的树皮碎片更好，你就能闻到氢氰酸。那味道闻起来像烤杏仁，它让我想起我儿时曾吃的"好心情"牌烤杏仁冰淇淋。］

欧洲蕨中含量最丰富的毒素是单宁（tannins），一种味苦可以吓退植食者的复合物。除了尝起来很糟糕，单宁酸如果摄入过多也是有毒的。它们能束缚住控制生命能量转换化学反应的细胞酶。由于这些酶在大部分生物体中都是相同的，单宁能对抗极大部分的敌人。

对人类而言幸运的是，烹调能除去大部分单宁，并破坏硫胺素酶。不过，吃太多的欧洲蕨还是有危险的。研究表明，生活在英国和日本（这两个地区普遍食用欧洲蕨拳卷幼叶）的人们比居住在其他地区的人们更容易得胃癌。实验检测也证实了欧洲蕨对动物是致癌的。老鼠、奶牛、日本鹌鹑、豚鼠还有绵羊在被喂食高剂量的欧洲蕨后都得了癌症。即使是给实验动物喂食孢子也会引起癌症（Simán et al. 1999）。这些实验结果促使植物化学家去探寻活跃的致癌化学物质。在 1986 年，日本学者分离出了一种他们认为是罪魁祸首的分子，他们将它命名为原蕨苷（ptaquiloside）。（各种关于欧洲蕨生物学的论文见：Perring and Gardiner 1976；Thompson and Smith 1990。）

凝视着亨利·肖的墓旁的欧洲蕨群落，我发现自己很难将其与无情的“投毒者”形象相关联。这片林子看起来是如此宁静和悠闲。但欧洲蕨在这里和其他地方的成功绝非偶然，它就是蕨类世界中的鲁克蕾齐亚·波吉亚（Lucrezia Borgia，即蛇蝎美人）。

22. 螺旋奇迹

现在就是见证蕨类植物拳卷幼叶奇迹的时刻。它就像个卷起的钟表弹簧，随时准备松开来。流畅的螺旋形与它周遭无定形的不规则事物形成了强烈反差。随着向自身的内面螺旋卷曲，中脉逐渐变窄，最终结束于安全包裹在螺旋中央的柔嫩的顶端分生组织（图100）。如果侧生羽片存在，它们也会在中脉上向内螺旋卷曲，看起来就像大螺旋上的小分形（图101）。这种螺旋形是如此优雅，植物是如此精巧，以至于大部分人在脑海中已经将拳卷幼叶和蕨类植物固定地联系在一起。然而许多人没有注意到的是，拳卷幼叶具有的一些不同寻常的数学特性。它代表了大自然中普遍存在的两类螺旋之一，这种螺旋是由一类特殊的生长方式导致的。

第一类螺旋是等速螺线，亦称阿基米德螺线，得名于首次充分描述它的古希腊数学家和哲学家阿基米德。它可以通过水手在船甲板上把缆绳盘成一卷的方法画出来。因为绳子的厚度一致，每一轮与它前一轮和后一轮的宽度是相同的。这种螺旋的数学特性是从中央到曲线所画的半径会随着轮数增多（更接近圆形）而慢慢改变它与曲线相交所成的角度。每转一轮，这个角度就越来越接近90°（图102）。

图100 点叶蕨（*Stigmatopteris ichtiosma*）的拳卷幼叶，来自厄瓜多尔西部。

图101 来自哥斯达黎加的对生沼泽蕨（*Thelypteris decussata*）的拳卷幼叶，上面带有两侧羽片形成的拳卷幼叶。拍摄：Jens Bittner。

第二类螺旋——发现于拳卷幼叶中的——是等角螺线。它是由法国哲学家和数学家勒内·笛卡儿（René Descartes）在 1638 年首次描述的。他设想了这样一个螺旋：它的每一轮没有保持阿基米德螺线那样相同的宽度，而是以中央到曲线上任意一点所画的半径与曲线相交一直保持恒定的夹角——这就是等角螺线（图103；Cook 1914；Thompson 1942）。这种螺旋向外延伸时，每一轮都比它前一轮更宽。蕨类植物的拳卷幼叶拥有这种类型的螺旋是由于它的中脉是以一个固定的比率朝着茎干基部变宽的，而这固定的比率维持着相同的角度。

等角螺线拥有数个显著的数学特性。它也经常被叫作对数螺线，因为到极点的矢量角与连续半径的对数成正比。它还有另一个名字，叫几何螺线，因为相同极角的半径是以几何级数增长的。在 18 世纪早期，以彗星出名的英国天文学家和数学家埃德蒙·哈雷（Edmund Halley），把它叫作比例

蕨类植物的秘密生活

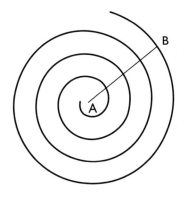

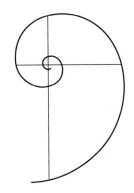

图102 阿基米德螺线或者等速螺线，半径
　　　AB 以一个变化的且不断接近 90°
　　　的角度将螺旋二等分。

图103 等角螺线，半径切割的部分的形
　　　状是一样的，且总是以相同的角
　　　度与螺线的任意一点相交。

螺线，因为由连续的螺纹切断的半径是成连续比例的（图103）。这也许
是这种曲线从视觉上最震撼的特质——它的自我相似性以及它随着增
长不曾改变的形状。大些的螺线只是内部小些的螺线的放大版本。这
些彼此相关的数学特质使著名的瑞士数学家雅各布·伯努利（Jakob
Bernoulli, 1645 ~ 1705）把这种螺线看作是螺旋中的奇迹，或神奇的
螺旋。

　　这种螺旋奇迹在自然中层出不穷，有时会在一些完全意想不到的地
方出现。它可以出现于鹦鹉螺、菊石以及有孔虫类的贝壳中。它在植物
中可以表现为花朵的蝎尾状花序排布方式，这是一种花梗在花序一侧
以不变的角度着生的花序（如天芥菜、琉璃苣和勿忘我）。还可见于一
只昆虫飞向光源时的螺旋轨迹，昆虫不是径直飞向光源，而是以一个恒

定于光源的角度飞向它。其他螺线的例子可见于在三维空间中画出的盘绕轴，即锥形螺旋线。这类实例可以在公羊角的弯曲、腹足纲动物的外壳、猫的爪子、海狸的牙齿以及植物的卷须中看到。这些实例展示了螺旋奇迹不仅在自然中普遍存在，而且所涉及的组织或材料也千差万别。那么，是什么导致它形成的呢？

关键在于内外表面的不均等生长。只要其中一个表面生长得比另一个多，卷曲就自动发生了。这种差异化生长的出现无关于所涉及的材料——贝壳、骨头、毛发、肉或者植物组织。在蕨类植物的拳卷幼叶中，不均等生长是由外侧表面（离卷曲轴最远的表面）的细胞引起的，它们比内侧面上的细胞延伸得更快。只要保持着这种不均等生长，拳卷幼叶的螺旋形状就能维持住。只有当内侧面的细胞开始延伸，拳卷幼叶才会展开；而当内侧面细胞延伸的长度与外侧面相同时，植株就完全伸直了。植物学家有精细的词汇来形容这种不均等生长：术语偏下性弯曲（hyponastic curvature）用来形容下表面延伸得更多，而术语偏上性弯曲（epinastic curvature）用来形容上表面延伸得更多。

假定有一个基因（或者更有可能是几个基因）能刺激细胞延伸，如果一侧的这个基因开启了，而另一侧没有，就会导致卷曲。没有基因（们）编码拳卷幼叶本身的最终形状，只是细胞延伸能力在时间上的差异。

其他关于卷曲的例子在蕨类植物的世界中也存在。有两个攀缘蕨类植物属——海金沙属（*Lygodium*）和凌霄蕨属（*Salpichlaena*），它们缠绕的或螺旋卷曲的叶轴是由它们复叶中脉的内外表面不均等生长导致的。它们缠绕在细枝和分枝上为植株提供支持，从而让叶的末梢部

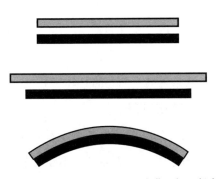

图104　自动调温器原理展现了不均等生长如何导致卷曲。相同长度的黄铜条和铁条（上图）被加热后（中图），黄铜延展得比铁多。如果两个金属条被粘在一起加热，黄铜更好的延展性会让两者都弯曲（下图）。同样地，延展的植物细胞会带动它们延展性差些的邻部也一起弯曲。

分抬升到一个能晒到太阳的位置。有花植物的卷须也是由于相同类型的不均等生长导致的。其他卷曲的例子则不是由延伸，而是由收缩导致的。水龙骨状百生蕨（彩图 17 和彩图 18）常见于美国东南部及热带美洲的树干上，它的叶子干后会向内卷曲，呈现 C 形或 J 形。发生卷曲是由于干燥的时候上表皮细胞收缩得比下表皮更厉害。当叶子变湿时，上表皮的细胞重新扩展，叶子又变直了。同样的解释也可以用在鳞叶卷柏（*Selaginella lepidophylla*）中，它产于从得克萨斯州和新墨西哥州至墨西哥南部的干燥森林中。这种植物在园艺中也很普遍，因为它有一种干燥时卷曲成一个球，浇水后又重新展开成一个平整的莲座状的能力。这种卷曲和展开是纯机械的，依赖于死的细胞壁纤维失水和吸水的状况。植株甚至会在死后很久还能卷曲和展开。

不均等生长导致卷曲的原理在家庭中有一个为人熟悉的例子：自动调温器（Stevens 1974）。这个装置的主体包含两根金属条：一根是黄铜的，另一根是铁的，两根金属条一样长并粘在一起。被加热时，黄铜延展得比铁多，就围在铁条外向下面卷曲（图104）。通过这种卷曲和（冷却时的）展开就能打开或关闭暖气。

　　有趣的是，所有发现的这些弯曲的例子都是由不均等生长这一简单原理造成的。同样有趣的是，在自然中不断反复看到螺旋奇迹在各种各样的生命体中的存在，尤其是蕨类植物的拳卷幼叶。这展现了自然的和谐与结构，是一种令人满意的规律。仔细思考这种秩序井然，英国植物学家尼赫迈亚·格鲁（Nehemiah Grew）在他的《植物解剖学》（*Anatomy of Plants*, 1682）中总结道："自然处处都有几何。"

第

五

章

蕨类植物

地理学

23. 鲁滨逊·克鲁索的蕨

那是 1704 年，在南美洲西海岸 360 英里（580 千米）处，赤道以南 33°（图 106）的胡安·费尔南德斯群岛（Juan Fernández Islands），一艘叫作"五港同盟号"的装着 18 门火炮的私掠船在其中一个名为鲁滨逊克鲁索（Más a Tierra）的小岛的小港湾停靠。经过整修和补给后，它已经准备好去劫掠沿智利和秘鲁海岸航行的西班牙船只。全体船员都急切地想要起航，只有一个固执又好斗的水手例外，他叫亚历山大·塞尔柯克（Alexander Selkrik）。他认为这船已经经不住海上的风浪，请求自我流放到这座无人居住的岛上。

最终证明，塞尔柯克留在岛上的决定是明智的。那艘"五港同盟号"在秘鲁附近的一座小岛旁沉没了，全体船员被西班牙海军俘虏并受尽折磨，然后被扔到利马的一处地牢里。他们在牢里比孤身一人住在洞穴里的塞尔柯克吃了更多的苦头。塞尔柯克捕猎野生山羊作为衣食的保障，这些山羊源自 1596 年一次注定失败的殖民尝试，是当时定居者带来的山羊的野放后代。由于没了捕食者再加之理想的生境——崎岖多山的地形几乎没有任何平地，山羊就这么繁荣兴旺起来。列岛上最高的山峰爱尔洋奎（El Yunque）又给这里的地形增加了几分艰险。它刀切般的山

蕨类植物的秘密生活

脊连接着海平面以上3002英尺（912米）的最高峰和其他山峰。有一处山脊被峡谷分割得又深又险峻，因而得名"Cordón Salsipuedes"，西班牙语"只有会爬山才能出去"的意思。

在岛上待了四年又四个月后，塞尔柯克被同道的私掠船救了。接下来的两年半他与救他的人一起在太平洋海上劫掠其他船只。当抵达英国后，塞尔柯克将他的冒险经历讲述给伦敦的文人们，他们都急切地想从振奋人心的新世界旅行故事合集中获益。塞尔柯克的故事给了奥古斯特写《鲁滨逊漂流记》的灵感。

不过塞尔柯克不是住在群岛上的第一个生物。自从400万年前岛屿由火山喷发于海面上形成后，它们已作为栖息地服务于数百种动植物，这些动植物大部分是被风吹来或偶然来到岛上的。在这些任性的移民中有一群多得不成比例的蕨类植物。它们的故事阐明了远距离孢子传播在蕨类植物生物学中的重要性。

胡安·费尔南德斯群岛上现有54种蕨类，它们几乎生活在于每一类生境中，从最高的山峰到海岸边都有它们的身影。暴露的岩石山脊上生活着两种假芒萁属的蕨类植物［一英尺假芒萁（*Sticherus pedalis*）和四深裂假芒萁（*Sticherus quadripartitus*）］；长苔藓的岩石是智利铁线蕨（*Adiantum chilense*）、冷蕨（*Cystopteris fragilis*）和血根蕨（*Hymenophyllum cruentum*，图105）的庇护所；在云雾森林泥炭层的昏暗洞穴中生活着大囊群铁角蕨（*Asplenium macrosorum*）。被人类的清理和抛荒而干扰的低地生境，支持着栗蕨（*Histiopteris incisa*）、无毛不等基节绵蕨（*Megalastrum inaequalifolia* var. *glabrior*）和贝尔泰罗革叶蕨（*Rumohra berteroana*）在此生长。

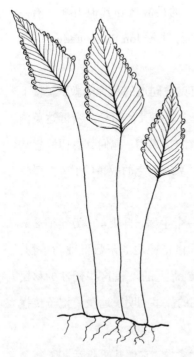

图105 只分布于智利和胡安·费尔南德斯群岛的血根蕨。

不过蕨类植物最丰富的地方潜藏于峡谷的上游。当湿润的海洋空气沿着这些峡谷爬升至海拔 1500 英尺（500 米）的地方，它们冷却凝结创造的云雾森林对许多蕨类植物再理想不过。这里满是如团扇蚌壳蕨（*Dicksonia berteriana*）、多回毛囊蕨（*Lophosoria quadripinnata*）和秀丽伞序蕨（*Thyrsopteris elegans*）等树蕨。包围它们树干的纤维根经常供血根蕨、智利鬃蕨（*Trichomanes exsectum*）和胡安岛鬃蕨（*Trichomanes philippianum*）之类的膜蕨生存。

云雾森林中有一种引人注目的蕨类植物是泽丘蕨（*Blechnum schottii*），它的根状茎从森林地面开始生长，在这里它只长不育叶。它的先端蜿蜒盘曲着去寻找树干，一旦找到，根状茎就开始攀缘，用它腹面生出的根须依附于树干。最终，根状茎长出生长孢子的叶子，它们看起来就像是精瘦版的不育叶。这是一个令人印象深刻的景象——整个植株挂在树干的一侧，高度可达 15 英尺（5 米），而它精瘦的能育叶就直立在顶端附近。

岛上另一种被蕨类植物占领的生境是开阔的岩石山坡。这里长着

蕨类植物的秘密生活

一种胡安·费尔南德斯群岛上特有的树状的苏铁叶泽丘蕨（*Blechnum cycadifolium*）繁茂的种群。它结实的树干有 6 英尺（2 米）高，在其顶部长着坚硬的一回羽状叶形成的莲座。这种植物长得像苏铁，而且当它们成片一起生长时，会很奇怪地令人联想起恐龙时代的森林。由于它们能抵挡不断匆匆掠过山坡的风，人们总会寻找这种苏铁叶泽丘蕨林将其当作受庇护的安静场所。"它们是在野外旅途中能舒服地躺下并吃顿午餐的完美场所。"托德·斯图西（Tod Stuessy）说道，他是一位植物分类学家，同时也是岛屿植物区系的权威专家之一。

胡安·费尔南德斯群岛展示了海洋岛屿植物区系的一个共同特征：相比陆地，这里拥有更高比例的蕨类植物物种。在中南美洲湿润的热带雨林中，蕨类和石松类植物共占维管植物总数的 7%～10%。举个例子，史密森尼学会在巴拿马海峡巴罗科罗拉多岛（Barro Colorado Island）上的研究站，蕨类和石松类植物约占维管植物的 8%；在哥斯达黎加的拉塞尔瓦野外生物研究站（La Selva Biological Field Station），蕨类植物约占 9%；在委内瑞拉的圭亚那（亚马孙州境内，委内瑞拉南部的玻利瓦尔州），蕨类植物约占 8%。相比之下，胡安·费尔南德斯群岛上的蕨类植物（岛上没有石松类）占维管植物的 15%。其他海洋岛屿上的蕨类植物区系也是同样的丰富：复活岛、夏威夷岛和关岛约有 14% 的蕨类植物；斐济和加拉帕戈斯群岛是 20%；哥斯达黎加的科科斯岛（Cocos Island）是 35%；圣赫勒拿岛（St. Helena）是 40%；马克萨斯群岛（Marquesas Islands）是 34%；克马德克群岛（Kermadec Islands）是 35%；特里斯坦-达库尼亚群岛（Tristan da Cunha）是 42%。高比例的蕨类植物最能（不是都能）表现海洋岛屿植物区系的特征（Smith

科科斯群岛

加拉帕戈斯群岛

·利马

胡安·费尔
南德斯群岛

马尔维纳斯群岛
（英称福克兰群岛）

图106 南美洲和几处邻近的岛屿。

1972；Tryon 1970）。

　　为什么海岛比大陆上拥有相对更多的蕨类植物物种呢？答案主要就在蕨类植物和种子植物的繁殖体大小差异上。在蕨类植物中，传播单元是像粉尘一样的孢子，它们很容易被风带起并送到数百或数千英里之外。而另一边，大多数种子植物长着更大更重的果实和种子，不容易进行远距离传播。因此，蕨类植物更频繁地被传播至海岛上，种子植物则很少。因为蕨类植物比较容易到达海岛，所以海岛拥有的蕨类植物物种比种子

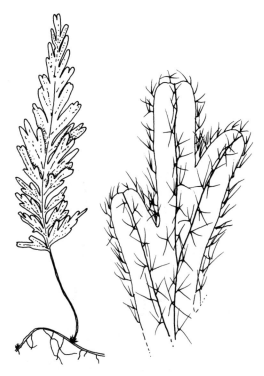

图 107 来自新西兰的锈色膜蕨。左图,全株;自然环境下叶子是下垂的。
右图,羽片顶端,展示星状毛。作者绘图。

植物更多。

　　胡安·费尔南德斯群岛为远距离孢子传播提供了几个出色的例子。有些蕨类植物最初来自于很远的地方,如澳大利亚、塔斯马尼亚岛、新西兰还有太平洋南部的不同岛屿。锈色膜蕨(*Hymenophyllum ferrugineum*,图 107)是一种长在山顶有遮蔽的阴暗处的膜蕨,它显然是来自 5500 英里(8900 千米)外的新西兰,在现在的新西兰仍然生长着这个种。其他的蕨类植物物种可能是由很久以前传播到岛上的与其有

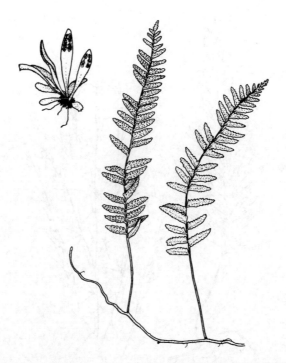

图108　左图，双色禾叶蕨，一种环南半球，尤其是高纬度分布的蕨类植物。
　　　　右图，攀高爬树蕨，胡安·费尔南德斯群岛特有种，它的近亲在塔
　　　　希提岛和萨摩亚岛上。作者绘图。

近缘关系的种演化来的。楔叶铁角蕨（*Asplenium chondrophyllum*）是
一种长在海边岩石裂缝和悬崖上的特有种，它与生长在澳大利亚、新
西兰及智利南部的钝头铁角蕨（*A. obtusatum*）最近缘。攀高爬树蕨
（*Arthropteris altescandens*，图108）也是一个特有种，它的近亲在塔
希提岛（Tahiti）和萨摩亚岛（Samoa）上。

　　一个更引人注目的关于远距离传播的例子是双色禾叶蕨
（*Grammitis poeppigiana*，图108）。除了胡安·费尔南德斯群岛，它还

生长在南非、凯尔盖朗群岛（Kerguelen Islands）、阿姆斯特丹和圣保罗群岛、澳大利亚、塔斯马尼亚岛、新西兰、智利、阿根廷、福克兰群岛和特里斯坦–达库尼亚群岛。它有比其他蕨类植物物种更近、更完整的环南极洲分布。远距离孢子传播是这个物种可以到达这么多散布的、相隔遥远的岛屿（这些岛屿在地质历史上从未由陆桥连接过）的唯一途径。

除了远距离传播，蕨类植物的生活史（第1篇）也使它们适应于移居到遥远的地方。单独一个孢子可以到达一处岛屿，然后萌发，长成一个配子体。配子体在大多数蕨类植物中是双性的，同时拥有雄性器官和雌性器官（精子器和颈卵器）。它可以进行自体受精然后长成一株可以产生孢子的植株。而另一边，种子植物却面临着蕨类植物不用担心的难题。如果一个新来到岛屿的种子植物个体是雌株，很有可能会出现没有雄株来提供花粉授精的情况。或者也可能是没有它所需要的传粉动物。传粉昆虫的缺失是为什么岛上几乎没有兰科物种的原因，尽管它们也通过风传播粉尘般的、和蕨类植物孢子一样容易传播的种子，但兰科植物需要高度特化的传粉者。（举例来说，夏威夷只有三种本地产的兰科植物。）

一个新传播来的蕨类植物孢子可以发育成能自体受精的配子体，然后长出一个新的孢子体。但是其后代与源种群相距甚远，因此，不太可能与这里的其他个体杂交。而种间杂交的缺失使得岛屿居群的新特征得以固定下来。新产生的性状可以传播而不被互不相容的源种群性状淹没。如果积累到足够多的新特征，那么新的亚种或种就产生了。这就是许多岛屿特有种的产生过程。

胡安·费尔南德斯群岛的大部分特有种很有可能是由隔离促成的

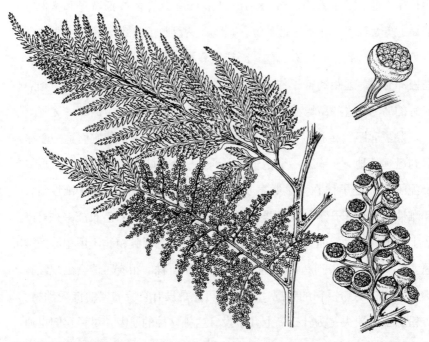

图109 秀丽伞序蕨，胡安·费尔南德斯群岛特有的一种树蕨，它也是该属
　　　 仅存的一种。左图，下部羽片，基部的羽片是可育的。右下图，一
　　　 个带孢子囊的小羽片。右上图，一个单个孢子囊群，展示杯状的囊
　　　 群盖，孢子囊在"杯"中。

演化产生的，岛上 54 种蕨类植物中的 25 种（46%）是这样的特有种。
然而在某些情况下，物种成为特有种是由于它在其分布范围的其他地方
灭绝了。对于这种情况，岛屿成了一处避难所，有一点像养老院而非摇篮
的感觉。有一个例子是秀丽伞序蕨（*Thyrsopteris elegans*），一种蚌壳
蕨科的树蕨，它也是该属唯一的一个种（图109）。它是在 170 百万年前

至80百万年前的中生代占据林下的一群广布种的残余（Harris 1961）。已知的这个类群的化石大多来自斯匹次卑尔根岛、格陵兰岛和英国。但化石也显示伞序蕨属（*Thyrsopteris*）在7000万年前的白垩纪曾生长在智利的大陆上（Menéndez 1966）。伞序蕨属应该在大陆上延续到至少400万年前，那时胡安·费尔南德斯群岛刚形成，而后它移居到了岛上，在大陆上的种群却灭绝了。

然而现在，伞序蕨属的延续所需的不只是远距离传播的能力。近四个世纪的人类居住使得岛屿上留给蕨类植物的空间缩减了。大部分低海拔的森林被砍伐，加之牛群的过度放牧造成了广泛的水土流失。山羊把植被啃食成小片状，阻碍了森林复育。一种引进的悬钩子属植物（*Rubus*）到处萌生，形成了稠密的、无法穿过的灌木丛，这也阻碍着森林的重生。森林和蕨类植物的庇护所已经缩减了。

但是岛屿上的蕨类植物仍有希望。智利人正在加大对保护工作的支持。环境教育者正在教生活在岛上的人们关于群岛上特有植物和动物的知识。智利的研究者正在探索复育森林的新方法，并增加他们和外国生态学家的合作。也许在更好的管理下，这片群岛会继续扮演蕨类植物庇护所的角色，就像它们三个世纪前为亚历山大·塞尔柯克所做的那样。

24. 亚美关系

乔纳斯·彼得鲁斯·哈勒纽斯（Jonas Petrus Halenius）是伟大的卡尔·林奈的学生，1750 年的 12 月 22 日，他可能紧张到胃疼。这一天他需要经历一场煎熬，他要在乌普萨拉大学（University of Uppsala）的大卡洛琳演讲厅用拉丁语为他的博士论文进行公开答辩。这篇论文的题目是《罕见的堪察加半岛植物》（*Plantae Rariores Camschatcenses*）。他的确应该紧张，因为他既没有研究过，更没有写过这篇论文！

如今，博士生被要求亲自研究和撰写自己的论文，并且需要展示一些独创性和关键的思考来为之增色！但这可不是哈勒纽斯那个年代的情况。在那个年代，每个人都知道论文代表的是教授的成果而不是学生的。这场口试的目的只是为了测验这个学生的拉丁语熟练程度、正式辩论所需的规则知识，以及连贯表达思考的能力。教授也能获益，因为学生需要承担出版论文所需的一切费用。这套授予高等学位的程序在 1852 年以前一直为瑞典的大学所采用（Graham 1966；Stearn 1957）。

今天的植物学家们对哈勒纽斯的（或许我应该说是林奈的）论文很感兴趣，因为它首次提到了一种地球上最引人注目的植物间断分布类

蕨类植物的秘密生活

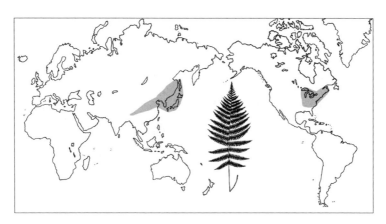

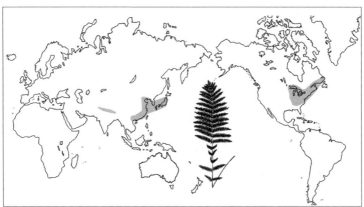

图110 银色对囊蕨（上图）的分布和绒紫萁（下图）的分布。

型之一：北美和亚洲的东部温带地区之间的相似性。这两个地区所拥有的共同的植物种属比地球上其他任何两个地区要多得多（Boufford and Spongberg 1983；Kato and Iwatsuki 1983；Li 1952）。考虑到它们距离遥远，这两个地区本应该只有很少或压根儿没有一样的物种。北美洲东部的植物区系本应该和北美西部或者墨西哥有更多的相似性，而东亚的植物区系应该和印度或印度尼西亚的更接近。

这种相似性中最为人熟悉的例子是有花植物。它们包括常见的树和灌木，例如楤木、梓树、绣球、木兰、柿子（*Diospyros*）、鹅掌楸（*Liriodendron*）、紫藤和金缕梅（*Hamamelis*）。两处都有的野生花卉包括：落新妇、红毛七（*Caulophyllum*）、马裤花（*Dicentra*）、人参（*Panax*）、北美桃儿七（*Podophyllum*）、蔓虎刺（*Mitchella*）、黄精（*Polygonatum*）和延龄草。以上例子都是属，但是两地共有同一物种的例子却很少。

相较而言，蕨类植物却有许多两地共有的种类。北海道是日本最北部的岛屿，它大致和北美洲东北部拥有相同数目的蕨类植物物种：分别是 122 种和 116 种。其中，47 种（占 40%）是两地共有的，考虑到两地相隔的距离，这是一个引人注目的高比例了。这些共有种（图 110）包括掌叶铁线蕨（彩图 2）、银色对囊蕨（*Deparia acrostichoides*）、绒紫萁（图 38）、沼泽蕨的有毛变种毛叶沼泽蕨（*Thelypteris palustris* var. *pubescens*）。

除了同一物种，两地区系上的相似性还可以被一对对近缘种所证明，植物学家把这样一个分布在北美洲东部一个分布在东亚的一对物种称作"姊妹种"。一个例子是北美洲东部的北美过山蕨（*Asplenium rhizophyllum*），它有一个最近缘的亲戚是东亚的过山蕨（*A. ruprechtii*）。这两个种都喜欢生长在阴暗的崖壁或长满苔藓的大块石砾上。它俩只在叶片基部有区别：美洲的种叶基部是心形的而亚洲的种是圆的或楔形的（图 111）。两者拥有的一系列共同的特征表明了它俩

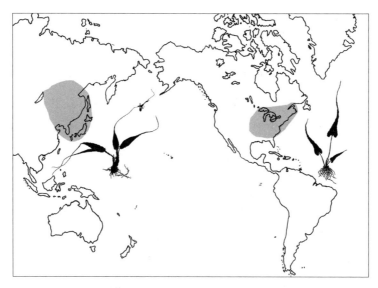

图 111 过山蕨（左）和北美过山蕨（右）作为展示东亚和北美洲东部的区系关系的一对姊妹种。

的近缘关系，而这些特征是该属其他种所没有的：网状脉、长三角形的叶子延伸出鞭状的先端。当先端接触到地面，便形成了一棵新的植株。而当这棵植株成熟后它又继续重复这样的过程，从一株小苗再到一株小苗，如此反复，便形成了一连串互相连接着的个体。每一株都是由营养繁殖生成的，拥有相同的基因构成。通过这种生长方式，这种植物看起来就好像是爬过了岩石（彩图 4）。过山蕨的形态和生长习性与其他铁角蕨属植物如此不同，以至于有时被置于它们自己的一个属——过山蕨属（*Camptosorus*），来强调这种区别。

其他的北美蕨类植物也能在东亚找到它们的近亲。纽约蕨（*Thelypteris*

noveboracensis）是日本的窄孢子囊的扶桑沼泽蕨（*T. nipponica*）[1]的近亲；草香碗蕨（*Dennstaedtia punctilobula*）是新英格兰和阿巴拉契亚山脉部分地区常见的杂草，它在亚洲有两个表亲：顶生碗蕨（*D. appendiculata*）和碗蕨（*D. scabra*）；曼彻斯特蕨（*T. simulata*）与它的两个亚洲亲戚密腺金星蕨（*T. glanduligera*）[2]和栗柄金星蕨（*T. japonica*）[3]是血脉至亲。北美洲东部的密孢双盖蕨（*Diplazium pycnocarpon*）是与它十分相似的种黄绿双盖蕨（*D. flavoviride*）的亲戚，且这两种都属于集中分布于东亚的一支（Kato and Darnedi 1988）。

这些植物区系相似性是如何产生的呢？答案得追溯到第三纪，这是一段处于恐龙灭绝后和冰河期开始前的地质时期。在大约 5400 万年前至 3800 万年前的第三纪早期，是地球上有植物生命以来气温最高的时期（Parrish 1987）。喜热的热带和温带森林在整个北半球高纬度地带繁荣昌盛。在北美洲，这些森林往北分布至格陵兰岛、加拿大北部以及阿拉斯加，它们向西穿过白令海峡（它在第三纪是高于海平面的），一直延伸到西伯利亚和亚洲其他地区。往东，森林穿过了两个陆桥一直到了欧洲（Tiffney 1985 a, b）。数百万年来，这片森林的圈环提供了一个几乎连续的生境。随着时间的流逝，植物的"迁移"导致了整个北半球有一些相似的混合物种——古植物学家称之为"北热带植物群"（也称"北极第三纪植物区系"，现在这个名字已逐渐不受古植物学家喜欢）。

多亏了化石，我们能一窥这个北热带植物群是什么样的。它们

1— 中日金星蕨 *Parathelypteris nipponica* 的异名。——译注

2— 金星蕨 *Parathelypteris glanduligera* 的异名。——译注

3— 光脚金星蕨 *Parathelypteris japonica* 的异名。——译注

蕨类植物的秘密生活

中有两个著名的成员——海岸红杉（*Sequoia sempervirens*）和水杉
（*Metasequoia glyptostroboides*），它们曾生长在亚洲、阿拉斯加、加拿
大北部、格陵兰、斯匹次卑尔根岛和欧洲。如今，海岸红杉只在加利福
尼亚州沿岸分布，而水杉只分布在中国的几个分隔的山谷里。水杉常被
称作活化石，因为它的首次发现是在 1941 年作为化石出现的，而三年后
紧接着又发现了活的植株。至于蕨类植物，球子蕨（图 52）在第三纪的
北美洲、格陵兰岛、不列颠群岛和日本生长旺盛，但现在它只局限分布
于北美洲东部和东亚（图 112）。

　　是什么导致了两种杉和球子蕨的分布范围的缩减呢？随着地球气
候变得越来越有季节性和越来越冷——这种趋势在冰期达到顶点，许
多植物（和动物）的分布范围都在第三纪后半期缩减了。北热带植物群
中的许多喜暖物种向南撤退，北美洲和欧亚大陆之间植物的联系就此

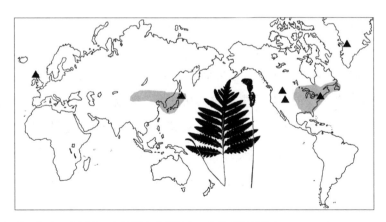

图 112　第三纪（三角形表示）和现在（阴影表示）的球子蕨分布。

中断。落基山脉在第三纪中期的抬升，进一步割裂了植物在北美洲的分布。山脉向大陆内部投下了雨影[1]，创造了更适于草场生长的干燥气候，最终形成了北美大平原。北美洲中部草原扩张，将北热带植物群中的许多物种限制在了美国东部地区。在欧亚大陆，北热带植物群的范围同样受气候和地质变化影响而缩小了，因此到了第三纪晚期，北热带植物群已经分裂成了三个主要的区块：北美洲东部、东亚和欧洲西部。

那么欧洲的情况如何呢？它的区系和北美洲东部及东亚在较小程度上相似。因为冰川南移而把北热带植物群推向比利牛斯山和阿尔卑斯山，欧洲的植物在冰期变得贫乏。这些山脉阻止了很多喜暖的植物迁移去往更南部的温和气候中，最终，很多植物在欧洲灭绝了。北美洲和东亚没有东西向的山脉来阻止迁移，因此，这里灭绝的植物远少于欧洲。当欧洲的冰川向北退却后，这里重新长出了不再齐全的植被。今天的欧洲只有 150 种蕨类和石松类植物，而北美洲东部却有 350 种。东亚的物种数目很难估计，不过单日本就有超过 600 种。

有几种蕨类植物在冰期的变迁中幸存了下来，如今在这三个区域都有分布（图 113）：欧洲对开蕨、荚果蕨、木贼、沼泽蕨和高贵紫萁。想必它们的成功主要是因为它们能够生活在三个区域相似的气候中。这种能力使它们以及其他许多物种，从其中一区域移栽到另一区域后长得很好。北美洲有些著名的栽培种就是从中国和日本引过来的，包括山茶、蜀葵（*Althaea*）、连翘、紫藤，还有芍药（*Paeonia*）；北美洲的一些恶性杂草也是如此，它们是：蚕茧草（*Polygonum japonicum*）、野

---

1 — 雨影，或雨影区，山脉的背风而降雨量较少的区域。

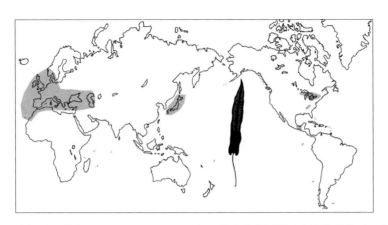

图113 欧洲对开蕨（*Asplenium scolopendrium*）及其变种［墨西哥南部的林登对开蕨（*A. scolopendrium lindenii*）；北美洲的美洲对开蕨（*A. scolopendrium americanum*）；欧洲、非洲北部和西亚的欧洲对开蕨本种］的分布。这种蕨在北美和欧亚大陆上的分布在第三纪时大概是连续的，但是由于冰期的气候变冷及季节性变化而分隔开来。

葛（*Pueraria lobata*）和千屈菜（*Lythrum salicaria*）。有些亚洲的蕨类植物丰富了北美洲的花园，包括红盖鳞毛蕨（*Dryopteris erythrosora*）、贯众、海金沙（*Lygodium japonicum*）、日本蹄盖蕨（*Athyrium niponicum* 'Pictum'）和对马耳蕨（*Polystichum tsus-simense*）。

　　北美洲东部和东亚，尤其是欧洲，三者共享的植物地理遗产解释了它们区系上的相似性，这是一种可回溯到数千万年前的第三纪早期的区系成分，没有其他类群像蕨类植物这样把这种相似性体现得这么明显。

25. 失落的世界里的蕨类植物

"南美洲是我喜爱的地方，而且我认为只要正确地从达连湾向火地岛穿越，那是这个星球上最广阔、最富饶和最精彩的一小片地球景观……在这样一个国度，怎么会没有新奇的东西存在呢? 那我们为什么不勇敢地去把它找出来呢? "这些话是阿瑟·柯南·道尔爵士（Sir Arthur Conan Doyle）借他在科幻小说《失落的世界》（*The Lost World* 1912）中创造的角色约翰·罗克斯顿勋爵（Lord John Roxton）之口描述的。许多被南美洲及其奇观吸引的人也会有这样的感触。道尔将他的小说设定在委内瑞拉南部毗邻巴西和圭亚那的桌山（Tepui）区域，这里孕育着许多不同寻常的蕨类植物，有些在世界上其他地方都是找不到的。[Tepui 这个词来自派蒙（Pemón）印第安语，意思是山。几乎所有的山都有发音好听的印第安名，例如奥扬山（Auyán）、驰曼塔山（Chimantá）和锡帕波山（Sipapo）。] 在道尔的小说中，这些蕨类植物和主角身上发生的事情存在着某些神奇的联系。

书中一开始，古怪又专横的教授乔治·爱德华·查林杰（George Edward Challenger）刚从亚马孙的一场探险中回到伦敦，他宣称自己走进了一个"失落的世界"，在这里史前生物仍然存在。遭受到同事的质疑后，查林杰组织了一支探险队，里头有他最坦率的对手萨姆瑞（Summerlee）教授、一位探险家兼猎人约翰·罗克斯顿勋爵，还有一位记述本次探险的年轻新闻记者爱德华·马龙（Edward Malone）。经过一段远途航行和数日向内陆的跋涉后，失落的世界终于映入了他们四个人的眼帘——一座高高的桌山，顶部平整，侧面则像被垂直地削割过一般。这些探险家们成功地到达了一处离主峰只有 40 英尺（12 米）远的尖顶，他们爬上了尖顶，随后砍倒一棵树作为通向桌山的桥梁。但当他们刚一到达另一边后，一名背夫背叛了他们，他把树干推落，撇下他们不管了。在桌山的顶部，他们遇到了危险的史前动物和食人的猿人。经过数周命悬一线的冒险后，他们发现了一条通向桌山底部的地下通道。他们逃了出来并回到了伦敦，在伦敦他们被当作名人受到宴请，查林杰也重获了他的名誉。（道尔后来说：查林杰"比起其他创作的角色，他总能带给我更多欢乐"。这可是来自夏洛克·福尔摩斯的创作者的不小的认可！）

在现实生活中，小说设置的背景地有着数以百计的散布的、分离的桌山，它们的顶峰从塔状到巨大的占据数百或数千平方英里的连绵状都有。它们的高度范围为 2100 ~ 9000 英尺（700 ~ 3000 米）。典型的特点是，这些砂岩山有着近乎平坦的顶峰，外侧是一至三层完全垂直的峭壁，在被森林覆盖的斜坡破坏前落差有 300 ~ 1500 英尺（100 ~ 500米）。整体来说，它们给人一种中世纪堡垒的印象：被岩石包围着，有垂直的崖壁，而且坚不可摧（图 114）。

就像查林杰和他的探险队员们站在桌山的顶部一样，蕨类植物也生活在那里，此外，还有其他的植物和动物。桌山们被数英里的夹在中间的低地森林或热带稀树草原所隔开——这种生境是适应桌山顶部环境的蕨类植物所不喜欢的。对这些蕨类植物而言，从一处桌山移居到另一处桌山只能依靠远距离传播（第23篇）。因此，从生物学的角度来看，每一座桌山都是一座孤岛。

隔离会对植物和动物居群造成深远的影响——它隔离开了居群的基因。很少有个体能和附近桌山的其他物种进行杂交。这让居群的差异能够积累下来而不被外来的基因所稀释。一旦积累了足够的基因差异，这个居群看起来就会和最初的那个物种有很大的差异，这样就演化出了一个新的物种。

桌山已经成为了数千种植物和动物演化的摇篮。在蕨类植物中，假

图114 瓦恰马卡里峰，委内瑞拉南部的一座桌山。摄影：Bruce Holst。

蕨类植物的秘密生活

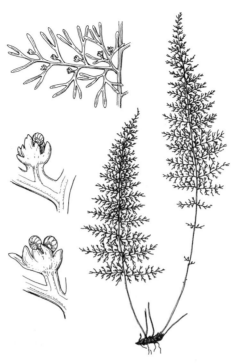

图 115 假膜蕨（*Hymenophyllopsis hymenophylloides*）。假膜蕨科和它唯一的一个属，
　　　　是委内瑞拉南部的桌山地区特有的。左上图，一个羽片。左下图，两个孢子
　　　　囊的特写。

膜蕨科[1] 和石蹄蕨属（*Pterozonium*）起源于这里，这是至今全世界其他任
何地方都没有的（Lellinger 1967，1987）。假膜蕨科仅有一个单独的属：
假膜蕨属（*Hymenophyllopsis*）。它包含 8 个种，这些种都生长在桌山山顶
或附近，通常是阴暗的岩石缝隙或崖壁上。所有的种都有薄薄的叶子，叶
脉间的叶片组织只有三或四层细胞厚（图 115）。这两点特征很像膜蕨中的

---

1 —　假膜蕨科 (Hymenophyllopsidaceae) 现归于桫椤科（Cyatheaceae），其下的假膜蕨属
　　　现归于番桫椤属。

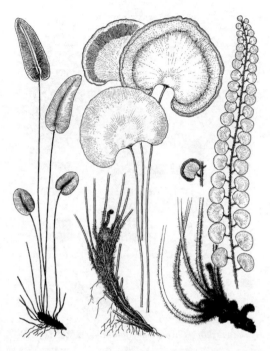

图116 石蹄蕨属的三个物种，从左往右依次是：帚状石蹄蕨（*P. scopulinum*）、肾形石蹄蕨（*P. reniforme*）、奇丽石蹄蕨（*P. spectabile*）。这是一个在委内瑞拉南部桌山周边区域特有的蕨类植物的属。

一个属：膜蕨属；而假膜蕨属中的 *opsis* 是希腊语后缀，表示相似。但是相似到此为止。来自 DNA 的证据表明假膜蕨属几乎和所有的蕨类植物的科都有相关性！如树蕨中的桫椤科和蚌壳蕨科，还有一些更小的、不那么被人熟悉的瘤足蕨科、丝囊蕨科和毛囊蕨科（Wolf et al. 1994）。

　　相似的是，石蹄蕨属的 14 个种也长在石头上。实际上它是一类半特有的类群，因为该属只在哥斯达黎加、厄瓜多尔和秘鲁几个零散的点有分布。石蹄蕨属植物的叶片是革质的，单叶或一回羽状，不像很多蕨类植物是精巧的多回羽裂（图116）。典型的特点是，叶片或羽片都有钝圆的顶部，而且孢子囊在叶片下表面沿叶脉排成线形，共同形成了叶边缘的一圈条带或环带。石蹄蕨拉丁名的意思就指的这条环带：希腊词 *pteris* 表示蕨类，加上 *zona*，环带的意思。

假膜蕨属和石蹄蕨属是古老的孑遗类群（就像道尔小说中的恐龙），还是近期演化出来的呢？后者看起来可能性更大，有两个依据：首先，地理学和孢粉学的研究显示这些桌山并不是一成不变的，虽然没变动位置，但在冰期经历了气候剧变以及植被变化。即使长在桌山顶部的物种是古老的，那也是在恐龙时代以后才生长在那里的。其次，石蹄蕨属隶属于凤尾蕨科，该科在化石中的最早记录是在恐龙灭绝之后（假膜蕨属没有化石记录），假定化石记录能给我们一个该科最初演化出现时间的准确估计，石蹄蕨属恐怕就太年轻了，因而无法给恐龙挠肚皮。

桌山属于一个被称作"圭亚那地盾"的地质区域，它向东延伸至法属圭亚那，向西延伸至哥伦比亚（安第斯山的东部）。地盾区域由前寒武纪的花岗岩和玄武岩构成，它们是桌山得以存在的基底。整个地盾区域，不仅仅是桌山区域，孕育着很多蕨类植物特有种。艾伦·史密斯（Alan Smith 1995）是加利福尼亚大学伯克利分校的一位蕨类植物学家，他在该区域记录到 671 种蕨类植物，其中约 145 种是特有的（占22%）。作为对比，有花植物的特有种率更高，为 65%。为什么蕨类植物的特有种率会更低呢？蕨类植物通过能被风带到更远处的粉尘状孢子传播。但有花植物是通过更大更重的种子或果实传播的，它们比较不容易被带到远处（第 23 篇）。因为蕨类植物比有花植物更容易传播，它们更有可能出现在指定的区域外，因此，成为特有种的可能性也就更小。

　　然而，特有蕨类植物的确存在于桌山上，毫无疑问那里还有更多的特有种没被发现。探索桌山的困难一部分来自于如何到达它们顶部。直升机肯定经常会被用来运送生物学家上下桌山，如此的往返旅途可能困难重重。最常见的问题是糟糕的天气会让科学家留在桌山山顶几天或数周。纽约植物园的约瑟夫·M.贝特尔（Joseph M. Beitel，1952～1991）是唯一一个到访过桌山的蕨类植物专家，他就遇上了这种情况。贝特尔和其他12位科学家在登顶后遭遇了坏天气，而在基地的直升机又没油了，于是滞留在瓦恰马卡里峰（Cerro de Neblina）上整整12天。带着不足8天的食物补给，他们被迫四处搜寻食物。鸟类学家支起了网抓到了几只鸟，一些植物学家砍倒了棕榈取其髓心。迈克尔·尼（Michael Nee）也是纽约植物园的植物学家，他采集到了一种新鲜的蓝莓（*Vaccinium puberulum* var. *tatei*）供大家享用。只有约瑟夫·贝特尔拒绝吃它们，因为他曾经被警告过千万不要吃长在高山上的蓝莓。没过多久，那些吃了的人由于血压过低和心率过慢昏了过去。有些人，像迈克尔·尼甚至短暂性失明了。在这段煎熬的时期里，乔（约瑟夫的昵称）照顾着每一个人并记录下了他们的症状。最终，大家都恢复了过来不再受折磨了。

　　尽管有被滞留的风险，但大多数科学家还是愿意冒险拜访桌山。他们知道在这里有发现不同寻常的新物种（从未有人见过的动植物）的绝佳机会。正如《失落的世界》中的罗克斯顿勋爵说的："在这样一个国度，怎么会没有新奇的东西存在呢？"既然如此，我们为什么不去成为发现它们的人呢？

26. 蕨类植物、手电筒和第三纪森林

　　唐纳德·法拉（Donald Farrar）是艾奥瓦州立大学的一位植物学教授，他寻找蕨类植物的时候会用到手电筒。这听起来也许不太像植物学家常用的工具，但他的目标也是不同寻常的蕨类植物。唐（Don，Donald 的昵称）要找的是"独立"的蕨类植物配子体，是极小的植株，永远也不会长出孢子体。它们生长在凉爽、荫蔽且多石的环境，例如砂岩崖壁下、峭壁下和沟缝中，所有这些生境都有数千年来不变的稳定小气候。唐用手电筒检视那些地方的昏暗处，他所"照亮"的故事是最吸引人的蕨类植物学故事之一。

　　独立配子体看起来并不像植物学教科书插图中那种典型的蕨类植物配子体。后者通常是扁平、心形的原叶体，它们独自而并非集群生长，通常在野外的存活时间短于一年，长出孢子体后很快就死了，也没有任何特殊方式的营养繁殖。相反，独立配子体则是线状丝状体或带状的原叶体。独立配子体大量分枝，不同于短命和单生的个体，它们常以多年生、常绿的群体铺满数平方米的岩石。这些群体通过叫作"珠芽"的特化芽来繁殖，珠芽有 2～10 个细胞，它们分裂并散布到新地点。因为可以常年生长并以珠芽繁殖，所以独立配子体不用长出孢子体就可以

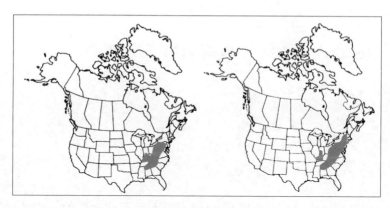

图117 阿巴拉契亚书带蕨（左图）和缠结鬃蕨的配子体（右图）的分布。图片来自：Flora of North America Committee（1993）。

使自己长存。

　　唐教授研究独立配子体大约已有30年了，主要是在美国东部（Farrar 1985～1998）。到目前为止，他知道有4个种生活在那里，其中两个是锯蕨（*Micropolypodium nimbata*）和泰勒膜蕨（*Hymenophyllum tayloriae*，彩图12），都是十分稀有的种。它们只在沿北卡罗来纳州和南卡罗来纳州边界线的少数几个村庄有分布，而泰勒膜蕨则在亚拉巴马州西北部又深又窄的峡谷中也有分布。但是另外两个种——鬃蕨属的缠结鬃蕨（*Trichomanes intricatum*）和阿巴拉契亚书带蕨（*Vittaria appalachiana*）的配子体则很常见，而且在美国东部被深谷切割的高原和山区分布十分广泛（图117）。

　　分布最广的是鬃蕨属的配子体，它看起来就像岩石上的一小丛绿色棉贴，有人描述它们看起来感觉就像是绿色钢丝绒小垫子。如果用放大镜看，这些群落又被分解成多细胞的细丝，有些还会在顶端带着纺锤状的珠芽（图118）。

阿巴拉契亚书带蕨的配子体看起来像撒在岩石上的切得很碎的生菜，形状为狭长的或带状的，分枝频繁且不规则（图119）。它的有些分枝沿着它们的边缘向上生长并长出纺锤形的珠芽（图120）。由于它扁平的形状，阿巴拉契亚书带蕨配子体经常被误认为是一种地钱，与地钱不同的是，它只有一层细胞的厚度，且缺失中脉和气孔，还带有长在边缘的珠芽。

尽管它们有着不同寻常的外表，但在野外还是很难找到独立配子体的。在卡本代尔（Carbondale）的南伊利诺伊州大学当学生的两年中，

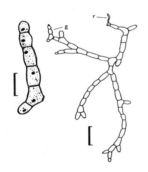

图118 缠结鬃蕨配子体的分枝细丝。假根（r）将配子体附着在基质上；珠芽（g，左图为放大图）可以分离并传播到一个新地点。比例尺：左图，0.1毫米；右图，0.2毫米。图片来自：Yatskievych et al. 1987。

图119 阿巴拉契亚书带蕨的原叶体。假根（r）将配子体附着在基质上；珠芽（g）可以分离并传播到一个新地点。比例尺：左图，0.1毫米；右图，1毫米。图片来自：Yatskievych et al. 1987。

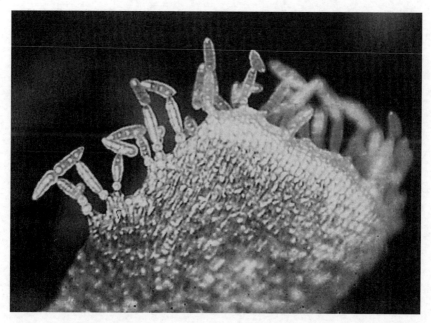

图120　阿巴拉契亚书带蕨配子体上沿边缘生长的珠芽。拍摄：Donald Farrar。

我在附近的肖尼国家森林（Shawnee National Forest）搜寻鬃蕨属植株的配子体而徒劳无果。我知道这种配子体生长在砂岩构成的峡谷中，但是我对它们大概长什么样只有一个模糊的印象，也不知道它们喜欢的阴暗度、温度与湿度的准确组合。我只有在毕业之后才见到了标本，这给了我在野外搜寻植株所需的印象。我第一次发现它们的经历是无比激动的，不过尴尬的是，它们在一个我之前搜寻过的区域其实很常见。

　　虽然独立配子体在美国东部的温带地区广布，但它实际上属于热带蕨类植物所属的科。鬃蕨属和泰勒膜蕨都属于膜蕨科，该科植物因其在叶脉间只有一层细胞而显现膜质得名。膜蕨在湿润的热带森林里长势很好，因为在那里它们的叶子不会干掉。而阿巴拉契亚书带蕨代表了另一个热带蕨类植物科：书带蕨科（Vittariaceae）。该科许多物种都长着悬垂的、像鞋带一样的叶子（彩图26）。第三种热带蕨类植物科是禾叶蕨科，以锯蕨为代表。该科几乎所有的物种都是在云雾森林长得很繁茂的附生蕨类。

除了热带亲缘关系，独立配子体最不符合常理的但也是让它们赖以生存的特质是：它们坚决不长出孢子体。唐纳德·法拉把它们放在模拟热带气候条件的温室中培养，以诱使它们长出孢子体，在这样的条件下，近缘的热带物种的配子体长出了孢子体。虽然温室培养的配子体长出了性器官（就是精子器和颈卵器，自然界中在温带气候下也会产生），但它们就是一直不发育成孢子体。这种配子体缺乏长出孢子体的能力——但这种能力它们的祖先肯定是有过的。

怎样解释这种能力的丢失呢？和热带有密切关系的独立配子体是何时又怎样在美国东部的温带地区扎根下来的呢？这个问题有两种可能的答案。第一种是独立配子体是由（目前依然）生长在热带美洲的孢子体居群向北传播过去的孢子长出来的。也就是说，它们代表的是现代的热带物种，并且是近期（从冰期以来）远距离传播的结果。随着时间的流逝，孢子体因为不能忍受寒冷的冬天而逐渐丢失了。另一种答案是独立配子体是在6500万年前直至3500万年前的第三纪上半期，当热带森林占据美国东部的时候来到这里的。这个阶段是地球植物生命史中最温暖的时期，北纬80°的气温比现在高54 ℉（30℃），北纬30°的气温比现在高9～18 ℉（5～10℃）（Parrish 1987）。这让热带植物能够在美国东部生长繁茂，也让喜暖的植物如棕榈、落羽杉（*Taxodium distichum*）和水杉生长到北至格陵兰岛和阿拉斯加这样的地方。独立配子体的那些能长出孢子体的祖先在第三纪的时候也像今天生长在热带雨林中的膜蕨和书带蕨一样长在美国东部地区。第三纪后半期气候逐渐变冷且产生季节性变化后（在冰期达到最冷），美国东部的热带物种逐渐被温带物种所替代。膜蕨和书带蕨的孢子体不堪忍受新的气候而逐渐丢失了。然而配子体却挺过了困境并作为孑遗种一直持续到现在。

到底哪种解释是对的呢？它取决于配子体对应的物种是谁。第一种答案——远距离传播，是锯蕨配子体起源的最佳解释，它在美国仅分布于北卡罗来纳州梅肯县（Macon County）一个单独的分布点。不像其他蕨类植物的独立配子体，锯蕨的独立配子体仍然可以长出孢子体，虽然它们极其少见也从不长孢子。这也暗示该种植物是近期传播产生的——由于是近期传播的，植物还没来得及丢失它们长出孢子体的能力。唐纳德·法拉的发现也证实了这一点，他发现有些稀有的孢子体与一种来自西印度群岛的西印度锯蕨（*Micropolypodium nimbatum*）的孢子体是一致的。在那里，这种蕨类植物总是长出带孢子的孢子体，而它飘走的孢子也有可能被一场飓风吹到北卡罗来纳州的同等位置上。

但是第二种解释——第三纪时的登陆，最吻合其他物种的情况。唐纳德教授在对配子体的酶、形态和发育的研究中发现，这些特征都和其在热带美洲的近缘种有所区别。这些区别很明显且多，已足够表明独立配子体是有自己风格的可被区别的物种（Farrar 1990）。因此，它们不会是从热带美洲迁移过去的。

但是蕨类植物怎么会丢失整个孢子体世代呢? 有什么已知的能展现这个发生过程的过渡步骤吗? 没有孢子体而存活对多年生且靠珠芽繁殖的配子体来说不成问题。有两个例子能说明: 瓦氏路蕨(*Hymenophyllum wrightii*) 和基拉尼蕨(*Trichomanes speciosum*)。瓦氏路蕨分布在环北太平洋的弧形地带, 从日本北部到阿拉斯加和温哥华岛南部。在加拿大, 它的配子体很广布, 但是孢子体却仅限于夏洛特皇后群岛(Queen Charlotte Islands)。没有人知道为什么加拿大其他地方的独立配子体不生孢子体, 却以持续的营养生长和产生珠芽来繁殖。

　　基拉尼蕨生长在不列颠群岛。在 19 世纪中期维多利亚时代的蕨类狂潮期间(见第 32 篇), 大量爱好者的劫掠减少了基拉尼蕨的种群数量, 他们用它带花边的叶子来压制自然纪念品。这几乎消灭了它所有的孢子体, 以至于今天这个物种成了英国最濒危的植物之一。然而它的配子体又小又不显眼, 也就没有被注意和侵扰到, 它们在其孢子体曾经生长过的地方继续留存着。实际上, 这种配子体是直到 1989 年, 唐纳德教授在英国的一次休假中发现它们后才被注意到的。唐纳德的发现也促进了欧洲其他地区对基拉尼蕨的搜寻, 目前基拉尼蕨的配子体已知的分布点有卢森堡、法国和德国(Rasbach et al. 1993; Ratcliffe et al. 1993; Rumsey et al. 1990, 1991)。就像瓦氏路蕨一样, 基拉尼蕨的配子体可适应独立存在, 多亏了多年生和珠芽繁殖。[虽然现在珠芽繁殖也是一种扩散的方式, 但珠芽最初可能是为有性繁殖提供组织, 而这种组织易受成精子囊素的影响——成精子囊素可以促进精子器形成, 进而促进异体受精。(Emigh and Farrar 1977)]

　　独立配子体展现了植物演化中的一个主旋律: 整个结构或器官的丢

失。这个主题的最有名的例子是沙漠多肉植物叶子的丢失，风媒植物中花被片和香味的丢失，以及寄生或腐生的物种中叶绿素的丢失。但它们都没有独立配子体这么显著，因为它们可没有丢失整个孢子体世代！虽然配子体失去了生产大而美的叶子的能力，但在野外还是很容易找到它们。每当我遇到它们，我都喜欢凑得近一点，用放大镜长时间仔细地观察它们，并试图找到它们的珠芽。这种观察总是能令我感到震惊，这是一群自3500万年前的第三纪中期就在北美洲东部扎根的微小植物，它们在近期又尝试进行演化中具有高度探索性的试验，一次颇具指导性的实践。这真是一场耗时长久的试验啊！

蕨类植物的秘密生活

27. 热带多样性

　　热带地区的生物多样性是生物学中最引人注目的现象之一。当你从近乎没有生命的两极冰区向赤道走去，物种数量会显著增加。很少会有例外，热带地区比温带地区孕育着更多种类的生命体——更多的蝴蝶、哺乳动物、爬行动物、鱼类和有花植物。在过去的地质时期也同样呈现出这种趋势，称作纬度多样性梯度（latitudinal diversity gradient）。它正是地球上生命分布的最主要形式，而蕨类和石松类植物就是其中一个典型的例子。

　　打比方来说，如果你在东亚地区做一次从北向南的旅行，你将在俄罗斯的堪察加半岛（Kamchatka Peninsula）找到 42 种蕨类和石松类植物，在日本的北海道找到 140 种、在本州岛找到 430 种，在中国台湾找到 560 种，在菲律宾找到 960 种，在婆罗洲（加里曼丹岛）找到 1200 种。在美洲，这种分布格局也一样：格陵兰岛有 30 种蕨类植物，新英格兰有 98 种，佛罗里达州有 113 种，危地马拉有 652 种，厄瓜多尔有 1250 种（图 121）。在两个半球，只要你从高纬度往赤道去，物种的数量会增加 30 倍不止。

　　这种增加形成了一些显著的对比。哥斯达黎加是一个略小于西弗

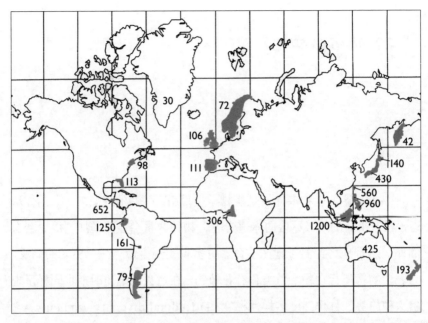

图 121 蕨类和石松类植物在全世界不同区域的物种数量。注意向赤道方向的数目增长。

吉尼亚州的国家，它有 1165 种蕨类和石松类植物——这几乎是美国和加拿大 3 倍的数量。拉塞尔瓦生物研究站在哥斯达黎加的加勒比海的一侧。在它范围内的 9.5 平方英里（15 平方千米）的雨林中孕育着 150 种蕨类和石松类植物——大致等同于美国整个东北部地区的数目（Grayum and Churchill 1987）。

不过物种数量还仅仅是问题的一半。热带区域还拥有更多的形态多样性——比温带区域拥有更多大小、形状和结构多样的植物。这种多样性在分类学上是以大量的科属来表现的，其中一些植物的分布是近乎

蕨类植物的秘密生活

甚至完全局限于热带地区的。举例来说，树蕨类基本都只分布在热带。攀爬的蕨类植物也是，它们会攀爬在周围植被上以获得支撑，譬如海金沙属、乌蕨属和姬蕨属中的许多种。装点热带雨林中的树干和枝条的附生蕨类在温带地区是很少见的或完全没有的。许多常见的热带蕨类植物科，如里白科、禾叶蕨科和书带蕨科，在温带大多甚至完全没有分布。因此，热带的多样性在两个方面都超过了温带的多样性：它拥有更多的物种以及更多种类的生命形态。

造成纬度多样性梯度的原因是演化生物学中的一大问题。不出意料，已有数个假说被提出了。讨论得最频繁的一个是稳定时间假说（stability-time hypothesis）。它假设在温带和热带物种形成的速率是相同的，但由于热带地区的气候数百万年来都更稳定，所以这里的灭绝率就更低。而温带地区的气候较不稳定且受冰川的影响，呈现出更高的灭绝风险。因而，随着时间的流逝，热带地区积累了更多的物种。

这个假说的问题在于，热带地区并不是一直保持稳定不变的地方。地貌学、古生物学及气候学的证据显示，热带在冰期及之前的地质时期（第三纪）经历过气候变化。正如气候变化能改变温带的草原、针叶林和落叶灌丛的分布，它同样也能改变热带的稀树草原、雨林和高山稀疏草地（Páramos）的分布。因此热带地区也是变化的，而非静止的。如果它们的灭绝率更低（一种比较有争议的说法），那也不能单独归因于气候稳定。

与稳定时间假说针锋相对的是冰期避难所假说（Ice Age refuge hypothesis）。它认为热带增加的物种丰富度是由最近一次冰期带来的气候不稳定造成的。在高纬度地区的冰川前进时期，热带地区变得更冷更干燥，还有可能更季节分明。这些气候条件促使热带雨林向热带草地和稀树草原转变。最终，热带雨林分裂成被草地和稀树草原的"汪洋"包围的森林"岛屿"。"岛屿"（或者说避难所）中动植物的居群和附近的居群被相互隔离开来，最终外部基因流入的同化作用被切断。隔离的居群演化出了新的物种，因此"岛屿"演变成了特有度和物种丰富度都更高的区域。

冰期避难所假说也存在问题。尽管热带地区经历了气候不稳定和植被迁移，但没有明确的证据显示雨林斑块（"岛屿"）被草地和稀树草原包围。同样有问题的是，我们用高特有度和高物种丰富度的准则不能定义避难所的边界。我们对于热带植物分布的知识很贫乏。此外，我们对现今促进特有化和高物种丰富度的因素也知之甚少。在没有更好地理解这些因素前，单独基于气候不稳定性和避难所之类的历史因素就来解释热带多样性都显得为时过早。

现代的影响物种丰富度的因素显得比较清楚。即使在热带地区，都会有一些区域拥有比其他区域更多的物种。比如，安第斯山脉拥有比亚马孙河流域更多的物种，而亚马孙河流域又比哥伦比亚和委内瑞拉的大草原（llanos）物种更多。生境之间也有差异：雨林比干燥森林有更多的物种，而干燥森林比红树林沼泽有更多的物种。除了纬度以外的其他因素也明显起着作用。

其中一个这样的因素就是年降水量。整体来说，高降水量的热带地区比低降水量的地区支持着更多的物种。比如雨林就比干燥森林养育着更多的物种。然而年降水量的总数值还不是全部的因素，降水量在整个一年中的分配也同样重要。两个地区可能接收的是相同的年降水量，但如果其中一个地区有一个明显的旱季，那么它就会比另一个降水量在全年分布得更平均的地区的物种更少。季节性有很大影响，尤其是对蕨类，更具体来说是对附生的蕨类植物。亚马孙河流域提供了一个很好的例子。在亚马孙河口附近，从 6 月到 9 月的时间里有一段明显的旱季，这里的气候只能支持大约 100 种蕨类植物。当你往西边去，那里全年的降水变得更均匀，而在你到达安第斯山脉后，你很难注意到有旱季。亚马孙河流域西部的湿润区域从哥伦比亚到玻利维亚与安第斯山脉接壤，这里汇集了该片区域最密集的蕨类植物物种，大约有 500 种。在这里，蕨类植物显然是植被的一大组成部分，它们在森林地表和树冠上部都很丰富。

地形的多样性也很重要。到目前为止，山地都是热带蕨类植物多样性最高的区域。安第斯山脉大约有 3000 种蕨类植物——比热带美洲其他任何地方都多。这和相对平坦的亚马孙河流域大致拥有的 600 种形成了鲜明的对比，尽管亚马孙河流域比安斯山脉面积更大。事实上，亚马孙河流域是整个热带美洲地区蕨类植物物种最贫乏的区域；对苔类、角苔类和藓类而言也是如此。如果你想看到许多不同种类的蕨类植物，还是往山里去吧。

在我看来，山区能提供的更多的就是生境——由海拔、温度、云雾遮盖度、降水量、坡度、曝晒程度、土壤以及母质层等要素经由不同的组合所创造出的生境。这些要素综合起来创造出了一个生境斑块化的镶嵌体，每一个"斑块"都供特定的物种生长，这些物种不适应其他生境。而这促进了整体的物种丰富度。低地的环境更统一，缺乏像山地那样短距离内能在海拔梯度、温度及其他因素上的变化（Moran 1995）；

因此，低地容纳的物种更少。

　　纬度、降水量、季节性和山地——所有这些都影响着物种丰富度，但还存在其他变量。其他的一些假说基于太阳辐射、生态位多样性和疾病等因素也解释了热带多样性。大概所有的因素综合形成了一个由物理性和生物性的线所编织出的复杂网络，而且这个网络已经编织了数百万年。这个网络就是我们现在所看到的热带多样性的答案。被不期而遇的发现带来的兴奋劲儿和看到不同物种的奇妙感所推动，多样性吸引着生物学家一次又一次地来到热带。然而当我们提一个看起来很简单的关于多样性的问题——为什么热带有这么多的物种，答案却变得很复杂。这是一个不接受单一简单答案的问题。

第 六 章

蕨类植物与人类

28.瓶尔小草茶

中国台湾岛距离大陆海岸线大约有 100 英里（160 千米）。虽然它的面积非常小，仅仅有我的家乡纽约州三分之一大，但台湾却是亚洲最发达的地区之一。台北是台湾的省会，一个喧闹而拥挤的城市。这里的街道拥挤不堪，到处都是摩托车，街道两旁都是灰色、高大的钢筋混凝土建筑。楼宇间的电线纵横交错，像极了一艘失事的船，上面缠绕着破落的绳索。但是这座繁忙的都市中有一处静谧的地方——中正纪念公园（图 122），这可不像是一个蕨类植物学家应该有的发现。

现在是 3 月中旬，我正在和我的朋友、同事，台北植物研究所的植物分类学家赵淑妙博士，一道参观这座纪念公园。淑妙刚刚带我参观了中正纪念堂，那里可谓精致的传统建筑典范。随后，我们来到公园的广场上，她的注意力被纪念堂前宽阔的草地所吸引住了。这里没有什么人，只有一位老妇人跪在草地上，显然是在挖着什么东西。淑妙停了下来，专心地观察着老妇人并说道："我觉得她正在采瓶尔小草[1]。"我惊讶道："什么! 就在这里吗? 你一定是在骗我! "

---

1 — 如无特指，本篇中所叙述的瓶尔小草皆指瓶尔小草属。

我根本想不到瓶尔小草竟然会藏身于一座大城市之中，我以前都是在偏远的野外路旁和林地里才能看到它。为了打消我的疑虑，我们径直走向草坪里跪着挖东西的老妇人。当我们快要到她所在之处的时候，我看到老妇人身旁的两个小塑料袋，每个袋子里都装着满满的瓶尔小草！

淑妙和老妇人用中文交谈了起来，老妇人很明显被我们的"突然袭击"搞得有些尴尬。在她们交谈的时候，我低头看到了淡绿色的、叶片肥厚的瓶尔小草散乱地生长在草丛之中。它的叶片很像草坪中其他的一些杂草，尤其像车前（*Plantago*），但是瓶尔小草没有叶脉。瓶尔小草直立的繁殖叶像是插在草地上的绿色铅笔，长得到处都是。繁殖叶的顶端有两列黄色的孢子囊。这穗孢子囊长得很像蛇芯子，于是这种植物便得名"蛇舌草"（The Serpent's Tongue）。

我捡起带有孢子囊穗的植株开始观察。我曾经在美国的东南部采到过这个种：钝头瓶尔小草（*Ophioglossum petiolatum*，图 123）。这又

图 122　台北市中的中正纪念公园，其中高大的建筑是中正纪念堂。作者绘图。

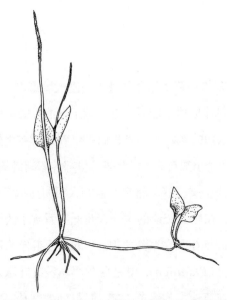

图123 钝头瓶尔小草，母株通过横走的根状茎向右繁殖出了新的
植株。

是一个惊喜！淑妙结束了和老妇人的对话，转而对我说："她说她们将
这种植物当作传统的中药使用。叶片干燥后磨成粉末，用来做茶。她说
这种茶对身体很有'好处'。""那这种'好处'究竟好在哪里呢？"我问
道。于是淑妙又问了老妇人一次，得到的又是不清不楚的回复。看来怎
么问这个老妇人也是没用，这种植物到底是对感冒有用，还是对关节炎
有疗效，抑或是对气管炎有用，还是针对哪种特殊的疾病都无从得知。
我曾经在拉丁美洲有过同样的经历——蕨类植物作为药品在市场上出售
或是被野外采集。究竟这些植物能治愈怎样的疾病，最终还是没有得到
答案，就像是当我们知道了以后，它神奇的"魔力"就会消失一般。我
们向老妇人说了谢谢和再见，便回到小路上继续闲逛起来。

　　淑妙告诉我，她经常在台北看见人们采集瓶尔小草。实际在植物
研究所门口的草坪上就长着很多瓶尔小草，不过常常会被人割走。虽然

246　　　　　　　　　　　　　　　　　　　　　　蕨类植物的秘密生活

我已经在研究所工作了几个星期，还经常从草坪上走过，但是从来没有注意到它们的存在。淑妙问我这些植物在被人割走后不会消亡的原因是什么。我解释道，采集者没有挖走它们的根和茎，仅仅是采走了上部的叶子。因为地下部分还完好无损地藏在地里，所以它们仍然有机会"复活"。而且，根和茎被一种与之共生的真菌感染，这些真菌可以将水和养分运送到植株体内，它们并不是完全依赖叶片的光合作用来获取养分的。"复活"还得益于每个茎的顶端嵌有三到五个芽。如果主叶被采掉了，其中的一个芽便会在原来的位置上发育生长。

瓶尔小草难以被"消灭"的原因是它是通过根芽散布的，会繁殖出很多"克隆体"，就像这片草坪的情况一样。大多数的蕨类植物都会通过叶片或者高度特化的茎（匍匐茎或者横走茎）来产生"芽"。瓶尔小草是少有的在根部生长着芽的蕨类植物。

我们结束了在纪念公园的行程，急急忙忙赶到附近的一家餐厅去参加台北的植物学同事们为我举办的宴会。当我们一走进宴会厅，我就看见了我的朋友和合作者——台湾大学植物系的郭城孟教授。城孟是一个温文尔雅的人，说起话来轻声细语，是台湾最有分量的蕨类植物专家。我穿过一群植物学家朝他走过去，一见到他就急切地说我找到瓶尔小草的事情。

"我可一点也不觉得惊奇，"他说，"瓶尔小草在台湾北部很常见，它甚至就长在我工作的台大校园附近的草坪上。但在台湾南部就少很多，那里的气候更加干旱。"城孟说起他对瓶尔小草用处的观察："根据我的经验，用它来制茶还是挺少见的。更多的时候，它会在干燥后被研磨做成敷料，当成治疗皮肤病的药膏。采集它的人们通常仅仅是为了个人使用，但是也有少部分会在台北的露天市场上出售。30克（1盎司）一包的瓶尔小草的干叶需要将近 32 美元。"

　　当回到美国后，我惊奇地发现，曾经在英格兰，瓶尔小草也有着类似的用途。草药医生约翰·杰拉德（John Gerard）在 1597 年有关瓶尔小草的"艺术品"中写道："把瓶尔小草的叶片在石臼中捣碎，在橄榄油中煮沸收汁，直到草药烤干，然后过滤，如果烤得不太过火的话，将会得到极好的绿色油滴，更准确地说是治疗新伤的香脂，可以比得上圣约翰草（S. Iobns wort）[1]：它看上去如此之美，许多大师都认为它掺杂了铜绿。"

　　安妮·普拉特（Anne Pratt）在她所著的《大不列颠蕨类植物》（*Ferns of Great Britain*，1855）中提到，杰拉德的配方仍然流传在英国的一些乡村中，尤其是肯特、萨塞克斯和萨里。在当地它被称为"仁爱的绿油"，有的时候还会在配方中加入一些车前和其他的药草。

　　我希望永远不要体验这个"仁爱的绿油"所谓的治病功效。稍微能让人接受的是用瓶尔小草做茶对人身体有"好处"。我计划下一次去台湾的时候，去露天市场买一袋子干燥的瓶尔小草，泡一些"蛇舌茶"与我的朋友淑妙和城孟共享，他们教会了我许多关于台湾蕨类植物的事情。我还希望可以在当地的一些出乎意料的生境和位置，找到其他一些有着非比寻常用途的蕨类植物。这会让我的旅途有更多未可知的趣味。塞缪尔·约翰逊（Samnel Johnson）曾说过："那最明亮的火光点燃于那不经意间的星星之火。"

---

1 —　　应为 St. John's wort，即金丝桃属的贯叶连翘。

29. 惹人烦的槐叶蘋

　　小小的蕨类植物会威胁到多达 8 万人的生活吗？它可以切断他们的食物供给，阻碍他们去医院和学校，逼迫他们搬离自己的家园吗？这简直难以置信，但它的确发生了：在 20 世纪 80 年代早期，一种小型漂浮的水生蕨类植物在巴布亚新几内亚塞匹克河（Sepik River）的洪泛平原中迅猛增长。

　　引发问题的蕨类植物是一种引进的槐叶蘋属植物，它的本领之一就是能在两天多一点的时间里就成倍扩增（图 124，彩图 21、22）。在热带炙热的太阳光下，它迅速地繁殖着，很快就覆盖满了河流、湖泊和池塘表面。这种拥挤的植物不断蜂拥而至盖住彼此，它们把老的植株压到水面下，让旧株逐渐变成棕色然后慢慢腐烂，就这样形成了广阔的漂浮垫。在某些情况下，这些厚重的吸饱水的"垫子"能有 3 英尺（1 米）多厚，足够妨碍独木舟通行，而独木舟正是这个没有道路的地区的主要交通方式（图 125）。人们再也不能去集市、去上学或求医了。钓鱼几乎是不可能的。更令人痛苦的是，将人们与碳水食物——西米椰子（*Metroxylon* spp.）的髓心——隔绝开了。他们平时都是在附近的沼泽砍下西米椰子的树干然后把它系到独木舟后面拖走。密集槐叶蘋的垫子

图124 不起眼的槐叶蘋，它是一种漂浮的蕨类杂草。上面两片绿色的圆形叶子漂浮在水面。第三片沉水叶发白，看起来像根，它上面长着的许多圆形结构是孢子囊。作者绘图。

阻碍的不仅是独木舟的通行，它们还切断了沉水植物所需的光线，因而削减了水体中的氧气并杀死了许多生活在泥底的生物。它们塞满了灌溉渠，堵住了排水管道，堵塞了水泵。在一些地方，所受的干扰是如此严重，以至于整个村庄都被遗弃了。

这已经不是槐叶蘋的第一次侵袭了。它第一次成为祸害是1939年在斯里兰卡，当时有人不经意把它从科伦坡大学的植物部带了回来。最终，它侵袭了澳大利亚、印度、东南亚和非洲南部。

1959年，在津巴布韦和赞比亚边界线上的作为水库的卡里巴湖（Kariba lake）中槐叶蘋有过一次特别糟糕的暴发，并受到了大肆宣传。在那里，槐叶蘋属的一个小居群只花了三年就形成了一个覆盖390平方英里（1000平方千米）的密集"地毯"。

必须要做点什么事来防止槐叶蘋堵塞世界上更多的水道。在水生杂草控制专家的建议下，给垫子上喷了除草剂。这杀死了许多植株，但是少数存活下来并在一年或很多年之后再次来袭。而且喷除草剂也很费钱。

　　人们还尝试了另外几种根治措施。用网去抄漂浮在水面上的槐叶蘋，但还是让太多的植株逃脱了。在湖里，长长的浮栅栏被设在水中关键性的位置上来控制槐叶蘋的扩散，但栅栏总是被植物挤压所施加的压力崩坏。物理收割也同样不起作用：机器把槐叶蘋粉碎成小片，但这些小片还是能自我繁殖。草鱼对控制某些类型的沉水水生植被很成功，但它们对槐叶蘋却不感兴趣。人们也尝试找出这种植物的可资利用之处，譬如喂牛，但也没有成功。似乎什么都不起作用。

图 125　在得克萨斯州利伯蒂城附近的一次人厌槐叶蘋侵袭。它形成的"垫子"是如此之厚，以至于可以支撑住放在研究者前面的煤渣砌块砖。拍摄：Philip W. Tipping。

最终，杂草控制专家意识到有一种生物学控制方法可以尝试，于是他们开始寻找一种能吃掉槐叶蘋的昆虫。而最容易找到的地方就是这种植物的产地。可是这种槐叶蘋是产自哪里的呢？

　　当时，研究者认为这种入侵植物是耳状槐叶蘋（*Salvinia auriculata*），产于热带美洲。他们对能在那里找到一种合适的昆虫来抑制槐叶蘋持很乐观态度，因为有一个奇怪的事实：槐叶蘋只在旧世界是杂草。在美洲热带地区它们作为分散的个体存在，从不会形成密集漂浮的垫子，因而不会成为杂草。这暗示着槐叶蘋在这里会被草食性昆虫造访，而在旧世界却没有这种昆虫，显然是最初被引入的植株上也没有。因此，研究者认为他们能在美洲热带地区的耳状槐叶蘋自然分布区里找到那种灵丹妙药般的昆虫是很合理的。在 20 世纪 60 年代早期，昆虫学家来到特立尼达岛和圭亚那研究是哪些昆虫吃这种蕨类植物。他们发现了三种看起来有希望的昆虫：一种蛾子槐叶蘋蔗螟（*Samaea multiplicaulis*）、一种蝗虫尖臀保利蝗（*Paulinia acuminata*）和一种象甲独脊水象甲（*Cyrtobagous singularis*）。

　　在把这些昆虫释放到入侵植物体前，他们做了严格的宿主特异性测试来确保它们不会吃本地植物或重要经济作物。"这种测试实际上是他们工作中最耗时耗力的一部分，"其中一位来自昆士兰大学的昆虫学家彼得·鲁姆（Peter Room）说道，"在澳大利亚我们没有把尖臀保利蝗释放到槐叶蘋里，因为测试显示这种蝗虫也啃食草莓叶子；虽然一种水生性的蝗虫接触到草莓的机会很小，但谁都不想被人铭记成一个破坏农业种植产业，使一种本地植物大量毁灭的昆虫学家！"测试表明这些昆虫对槐叶蘋有高度的宿主特异性，它们中的一个很有希望将成为一种有效的生物防治手段。但是当把昆虫释放到非洲、斐济和斯里兰卡的槐叶蘋中后，它们却没有成功地显著削减槐叶蘋的居群。

当测试还在持续的时候，对这种杂草槐叶蘋有了一个惊人的发现。伦敦大学的一位博士生大卫·S. 米切尔（David S. Mitchell）在经过仔细的研究后得出结论，入侵种并不是先前所有专家认为的耳状槐叶蘋。相反，它是一个之前未知的物种，米切尔把它十分恰当地命名为人厌槐叶蘋（*S. molesta*；Mitchell 1972）。

人厌槐叶蘋变得如此广布的一个原因是它通过防湿水和会下沉的叶子展现出的显著适应性。当你下次参观一个植物园或温室时，找到室内的植物池塘——这里很有可能至少会有一种槐叶蘋。试试把它的植株往下压，它们重新冒出水面的时候是完全干的。这种抗沉性是被困在叶子中层（或者叶肉）的空气所致的。但是在人厌槐叶蘋中，起作用的却是另一种机制：漂浮叶片上表皮的被毛特化。这些被毛三至四枚一组，顶部连接在一起生长在 1/32 ~ 1/16 英尺（1 ~ 2 毫米）长的叫作乳突的圆锥形柄上，组合起来就像迷你版的打蛋器（图 126）。这些被毛排成紧密的纵列，在叶子上形成了第二个表层。当植株沉到水下，打蛋器般的被毛把空气留在里面，帮助植物浮回水面。任何还留在上面的水都会在打蛋器被毛形成的第二层表面聚集成闪烁的银色小水滴后滚落。

槐叶蘋另一点突出的特征是它的"根"。那些悬挂在水下的看起来像白色或棕色的根须（彩图 23），实际上是一片带着孢子囊群的叶子。它不是一条根，因为根上是不会长孢子囊群的——只有叶子会长。事实上，槐叶蘋没有根！长得像根一样的沉水叶有什么样的功能呢？这迷惑了植物学家们很长一段时间。没有人通过实验证明这种沉水叶会吸收水

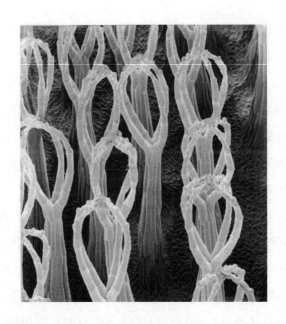

图 126 人厌槐叶蘋漂浮叶上表面的打蛋器般的被毛。扫描电子显微镜拍摄：Gordon Lemmon。

分和矿质营养素。有些人认为沉水叶通过制造阻力使漂移最小化来保持植株稳定，这能减少强风造成的翻转。不管它们的功能如何，沉水叶看起来都是相当古怪的，不像蕨类植物的叶子。

  米切尔发现这种杂草是不同的物种，对寻找它的生物防治办法有两方面的意义。首先，它表明昆虫学家们搜寻耳状槐叶蘋上的昆虫可能纯属浪费时间。他们需要做的是找到人厌槐叶蘋对应的草食性昆虫。其次，米切尔的研究为去哪里找这类昆虫提供了线索。他在标本馆只见到一份人厌槐叶蘋的标本，这份标本是 1941 年在里约热内卢的一个植物园的睡莲池里采集到的。这表明人厌槐叶蘋产自巴西南部。（植物学家们之所以反对人厌槐叶蘋是旧世界原产的，是考虑到它作为一种杂草危

蕨类植物的秘密生活

害的严重性，它应该在 20 世纪 30 年代至 40 年代的第一次在旧世界的采集开始之前就被带到睡莲池了。）

希望在人厌槐叶蘋的原产地找到和它对应的昆虫，昆虫学家来到巴西南部搜寻池塘、沼泽和潟湖。在 1978 年，他们终于成功了。他们找到了数个居群，都是在里约热内卢和圣保罗南部，南纬 24° 至 32° ——已经在热带范围之外了。虽然为他们找到这个居群感到高兴，但他们对要捕捉的昆虫却感到失落。昆虫学家们发现了人厌槐叶蘋有和有效控制耳状槐叶蘋类似的蛾子、蝗虫以及象甲。不过，他们觉得有必要做另一项现场实验。也许这些昆虫是专吃人厌槐叶蘋的呢。

这个测试在 1980 年才开始在澳大利亚昆士兰中部的蒙达拉湖（Lake Moondarra）进行，这里约有 500 英亩（200 公顷）的湖面被人厌槐叶蘋铺满了。就像之前一样，测试昆虫们以确保不会危害其他人们所需的植物。最终决定不能投放蝗虫，因为就像之前那样，它会咬草莓的叶子。不过，象甲却对槐叶蘋很专一：它宁愿挨饿也不吃其他种的植物（图 127）。因此，只投放了象甲。研究者定期造访这个湖泊，每次到

图 127 故事中的英雄：一种专吃人厌槐叶
蘋的象甲独脊水象甲。作者绘图。

访他们都注意到槐叶蘋形成的厚厚地毯在逐渐衰减。

开始测试后的第 14 个月，研究者认为槐叶蘋的危害已经被控制住了。虽然象甲没有杀死所有的植株，但两者的种群已经达到了平衡。槐叶蘋和象甲以捉迷藏的形式少量共存着，谁也没有灭绝。1983 年，象甲被投放到塞匹克河的洪泛平原，8 个月后，受侵扰面积从 155 平方英里（250 平方千米）减少至 1 平方英里（2 平方千米），估计有 200 万吨的槐叶蘋被摧毁了。如今，人厌槐叶蘋还会产生问题，但至少有一条解决办法了。

防治措施采取后的一个搞笑结果是，昆虫学家们和植物学家一样意识到他们也在处理一个新物种，于是他们给这种象甲命名为槐叶蘋象甲（*Cyrtobagous salviniae*）。

有实验表明人厌槐叶蘋可以在零度以下短期存活，但是坚冻和结冰都会杀死植株。另外的实验还发现人厌槐叶蘋可以在杀死另一种问题性水生杂草凤眼莲（*Eichornia crassipes*）的寒冷气温中存活下来。这样的耐寒性表明，人厌槐叶蘋有可能会成为一种美国南部和欧洲南部的危害严重的杂草；实际上，它们已经是了。从佛罗里达州到得克萨斯州已在 25 个排水系统的超过 50 处地方有它们的记录，而最严重的侵害是在得克萨斯州东部的托莱多本德水库（Toledo Bend Reservoir）；此外，它们还在加利福尼亚州南部和毗邻的亚利桑那州出现了。

小槐叶蘋（*Salvina minima*）是槐叶蘋属中生长在美国东南部的仅有的另外一种。它和人厌槐叶蘋的区别在于漂浮叶更小、叶上表面的先端没有被毛，上表面的其他被毛也没形成人厌槐叶蘋那样的笼状结构（图 126）。以前认为小槐叶蘋是原产美国东南部的，但是现在知道了它是从热带美洲引入的（Jacono 1999）。20 世纪 30 年代它第一次在美国

　　　　　　　　　　　　　蕨类植物的秘密生活

的佛罗里达州南部被采集到。几乎可以肯定的是，它是在被采集到之后才逐渐成为那里的本地物种的。自30年代以来，这种蕨类植物已向西传播至海湾各州，现在它在那里的沼泽和河口很常见。多亏了植物学家采集并存放在大学、博物馆和植物园标本馆里的标本，我们才能够了解它的引入和迁移历史。如果小槐叶苹是引入的，那为什么它没有变成像人厌槐叶苹这样的杂草呢？答案似乎是在它引入到美国后，就有一种象甲一直以它为食，约束着它的居群——显然和吃人厌槐叶苹的是同一种象甲（槐叶苹象甲）。

植物学家还发现了一些关于人厌槐叶苹的惊人事情：这个物种是五倍体，它有五套染色体。在减数分裂（产生孢子的细胞分裂方式）期间，第五套染色体缺失与其配对的一套染色体。结果，第五套染色体不均等地分布到减数分裂后的子细胞中，这导致了发育异常并产生了畸形的和无法存活的孢子，进而破坏了它有性繁殖的可能性（见第6篇）。因此，所有人厌槐叶苹进行的都是无性繁殖，通过它们的茎干断裂生殖。此外，从巴西南部到卡里巴湖到塞匹克河洪泛平原，全世界的人厌槐叶苹从基因上都是相同的。人厌槐叶苹这个物种是个克隆体。

人厌槐叶苹的故事很出名，它是"生物控制水生杂草的最显著的例子"。我特别喜欢这个故事，因为我的专业——植物分类学，在其中起到了关键性的作用。如果大卫·米切尔没有发现这种槐叶苹杂草是个不同于耳状槐叶苹的新物种，如果他没有提出哪里有人厌槐叶苹自然分布的线索，那么动物学家们永远都不知道要去哪里以及找什么物种来进行生物防治，那样的话，世界上将会有许多地方仍然被一种危害严重的杂草所侵袭（Room 1990；Thomas 1986；Thomas and Room 1986）。

30. 小型固氮工厂

    在阿肯色州东北部，密西西比河洪泛平原一处路旁的沟渠表面覆盖着一层丝绒般的垫状物，这酒红色的"地毯"从一侧的香蒲丛一直延伸到另一侧的草芙蓉丛中。凑近一看，这垫状物是由数百万植物个体组成的，它们分裂和生长得如此迅速，以至于会困住豉甲而威胁其生命。每个植株大概是一枚十分钱硬币［美］的大小，其上有 100～200 枚互相交叠的、小于 1/32 英寸（1 毫米）长的叶子。这种植物就是满江红（*Azolla*），全世界最小的蕨类植物（图 128）。

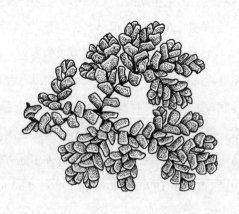

图 128 满江红，世界上最小但最有经济价值的有用蕨类植物。每片叶子大约 1/32 英寸（1 毫米）长。作者绘图。

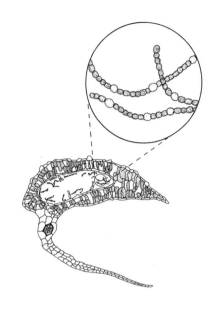

图 129 纵切的满江红叶子。叶子包含两个不同的部分：一个是薄的、无色的伏在水下的部分；一个是厚的、绿色的浮于水面的部分，它有一个内含满江红鱼腥藻（用圆圈放大示意，略微大些的细胞是能固氮的异形细胞）的口袋。作者绘图。

　　尽管很小，满江红却得到了植物学家们极大的关注。每年发表的关于它的科学论文都要比其他蕨类植物多得多。自从 20 世纪 80 年代以来，已经出了两本关于它的书，还有以它的名义召开的数场植物研讨会。为什么要对这样一个小小的蕨类植物如此小题大做呢？

　　满江红之所以受到如此多的关注是因为它是世界上最具重要经济价值的一种蕨类植物。它作为肥料被用在东亚和东南亚的水稻田里，尤其是中国和越南，那里相当多的人口以大米为生。满江红是一级的肥料，因为它富含氮，而氮正是植物经常短缺并限制其生长的一种营养物质。氮在这种植物体内富集并不是通过这种蕨类植物本身，而是由生活在它叶片中的固氮蓝藻进行的（图 129）。这种蓝藻就是满江红鱼腥藻（*Anabaena azollae*），它吸收空气中的氮气（N_2）——这种形式的氮并

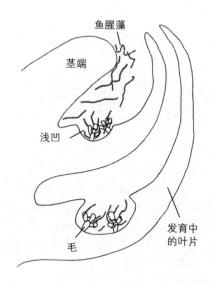

图 130 从茎部纵切的满江红。发育中的叶片，其浅凹中的像手套一样的毛可以缠住鱼腥藻，把它从茎尖拖向变深的穴腔中。作者绘图。

不能被植物体利用，然后将它分裂与氢结合，形成能被植物体吸收和利用的铵离子（NH_4^+）。

鱼腥藻中的氨合成过程是在一种叫作"异形细胞"的特化细胞中进行的，这种细胞在显微镜下很容易被看到。大概放大到一百倍的时候，鱼腥藻看起来就像一串珠子，每个珠子都是一个吸收蓝绿光进行光合作用的细胞。穿插在这串珠子中的异形细胞会略大些，无色，有更厚的细胞壁而显得很突出（图129）。异形细胞的厚细胞壁可以隔绝氧气，氧气会破坏细胞内进行氨合成的酶。

长串松散的鱼腥藻在满江红浸在水中的茎部附近生长旺盛。当一片嫩叶或叶原基在先端开始成形的时候，在它朝着茎的一侧会形成一个浅凹（图130）。在这处浅凹的表面长着一种细微的毛，外形就像充气的

蕨类植物的秘密生活

橡胶手套一样。它可以将鱼腥藻缠住，然后浅凹变深在叶片上形成一个"口袋"，进而把鱼腥藻往里拖。最后"口袋"封上，就把鱼腥藻困在里面了。

鱼腥藻被困住后就开始长出异形细胞然后开始合成铵。同时，满江红的叶腔中长出另一种类型的毛（图129）。这些毛吸收由鱼腥藻释放的铵给植株其余部分利用（Calvert and Peters 1981；Perkins and Peters 1993）。

在这段亲密关系中，鱼腥藻和满江红彼此都能获利。鱼腥藻找到了一处舒适的地方来生长，而满江红得到了一个稳定的氮提供源。但这种联系不是强制的。曾有过报道，满江红的野外植株可以脱离鱼腥藻生长，反之亦然。但不管怎样，它们俩在一起的时候彼此表现最佳。

中国和越南的农民从鱼腥藻和满江红的共生关系中获益已有数个世纪。将满江红作为水稻的肥料在中国可能是从明朝（1368～1644）开始的，而在越南可能是从12世纪开始的。到更近一点的时候，满江红栽培技术被少数几个小村庄垄断了，只有那里的人们知道如何栽培这种植物。每到种植季节，附近地区种植水稻的农民都会来到这些村庄为他们的稻田买"启动材料"。在越南太平省的生产满江红的村庄里，这种垄断被看得尤为珍贵，以至于栽培满江红的秘密要在年轻人婚后开始独立种田时，才通过一个庄重的仪式传授给他们。这种秘密不传给妇女，因为担心她们会嫁到村子外并把秘密也带出去。满江红的垄断是在20世纪50年代末期才被打破的，当时中国和越南的政府建立了新的满江红农场，并资助关于满江红作为肥料利用的研究（Lumpkin and Plucknett 1982；Moore 1969；van Hove 1989）。

为什么满江红的栽培如此困难呢? 挑战在于要确保其在不适宜的生长季和盛夏时的存活。在中国温带地区,冬季对亚洲本土原生的满江红属植物来说太冷了,即使是最顽强的变种也会被短短数小时的冰冻(达到或低于零度)杀死。另一个方面,中国南部和越南的盛夏实在太热了。稻田里的温度可以飙到 104 ~ 113 ℉(40 ~ 45℃),快把满江红煮个半熟了,因为满江红在 95 ℉(35℃)时就停止生长了。夏季的高温还会促进侵害植物的昆虫和真菌的滋生,危害最严重的是一种蛾子的幼虫,它们吞食满江红的植株并将它们粘成管状作为庇护所居住。其他有害的昆虫还有螟和象甲,它们会啃食根部而毁掉植株。但是到目前为止,速度最快的侵袭者是真菌,它能在数天之内彻底毁灭一整个居群,使满江红变黑然后沉到稻田底部。除了昆虫,夏季高温还会引起藻类暴发,吸收掉水体中的大多数养分,黏性够的话还会阻碍稻田里的淡水流动,造成水温进一步升高。

种植水稻的农民开发了几种在不适宜的生长季栽培满江红的方法。越冬的时候,传统的方法是从温泉往水稻田里引水,现在更普遍的做法是利用附近工厂未被污染的加热废水。如果没有热水,就把植物放到筑在水稻田里的 1.5 英尺(0.5 米)高的温室里培养,或者放到避风的茅草屋里存储。茅草屋的地上铺了一层用芦苇编制的席子,上面堆放 1.5 英尺高的满江红。在这层满江红堆上面再盖上一层 2 ~ 4 英寸(5 ~ 10 厘米)厚的稻草灰,并定期加湿来防止满江红干透。在冬季最冷的那两个月会用这种方法,有 50% ~ 80% 的植物会存活。[不幸的是,由于满江红不能稳定地产出足量的孢子,所以不能用孢子来繁殖。数十万(美元)的研究经费被用于尝试诱导满江红产生孢子。研究者已经尝试过不

　　　　　　　　　　　蕨类植物的秘密生活

同量、不同种类的光照、温度变化和激素。但到目前为止，这种植物都不肯配合。]

在中国最南部和越南，冬季气温比较温和，所以满江红全年都能在水稻田里生长。不过，水稻田里的水温还是需要维持，对此农民们有窍门。早晨，他们把水面高度降到1.5英寸（3厘米）左右，这样水就能迅速升温。傍晚，再把水面高度涨到2.75英寸（7厘米）左右，好让它的温度降得慢一点。

在夏季，主要问题是真菌的感染和过热。为了缓减这些问题，农民们尝试挑选有微风和凉的流动水的位置培养满江红。有时他们还会往水稻田里灌溉冷泉水，泉水的低温可以减少真菌生长和昆虫活动。满江红也能在成熟的水稻植株阴影下培养，但是昏暗的光线和高湿度会促进真菌的侵袭。

在不宜生长的培养阶段过去后，满江红必须增殖才能有足够的植株满足下一季的水稻田的需求。植株被转移到灌水的田地或水渠里，在这里它们有充足的生长空间。如果这个地方有合适的阳光、温度和养分，满江红会在三至五天内就扩增一倍。然后再把植株带到灌水的水稻田里散播。大约一个月后，它们就会形成覆盖住水体表面的密集的一层。把稻田里的水排掉，这样满江红就会被困在淤泥上。几天后，通过犁地、耙地或用手抓，它就和淤泥混合到一起了。当植物部分腐烂后（大约4～5天），重新给稻田上水，然后就可以种水稻了。

满江红还可以被种在水稻的行间，让它死后沉到底部。死亡通常是由水稻移栽20～40天后长得密集起来的植株的过度遮阴所造成的。许多农民会把这种方法和直接将满江红混合到土里的方法结合使用。

当满江红腐烂的时候，它会释放出氮元素，随后就能被水稻吸收。用满江红施肥的水稻长出的谷粒富含更多的蛋白质——比那些施加化肥收获的谷粒要多。

农学家尝试培育新品系的满江红用于水稻种植。在越南已经收集到了超过30个野外种系的羽叶满江红（*A. pinnata*），这个种在亚洲已被培养了数个世纪之久。在菲律宾，国际水稻研究所一直持续采集的活体已经有超过600个种系的满江红了，每一个种系在不同的冷热、荫蔽、盐分和酸度中生长最佳。这让农民们可以选到最适应他们稻田特殊环境条件的种系。

在中国，满江红栽培的一大进展是在1977年引进了一个美洲的种——细叶满江红（*A. filiculoides*）。尽管它分解很慢而且总是播到稻田里就死了，但是它抗虫害。此外，它更能忍受低温，春天的生长期开始得更早，所以它能被种到更北的区域也更适用于冬末春初的水稻耕作。对于这些用途，细叶满江红几乎取代了羽叶满江红。羽叶满江红仍被用于秋季水稻耕作，因为它能更好地忍受高温。

满江红除了充当水稻肥料外还有好几种其他的用处。它被用作其他水生作物的氮源，如水生菰（*Zizania aquatica*）、欧洲慈姑（*Sagittaria sagittifolia*）和芋头（*Colocasia esculenta*）。它还可以作为牛、猪、鸭、鸡和鲤鱼的辅助饲料，甚至还可以作为池塘或水生花园的装饰植物。这种植物很吸引人，因为它们会在秋天枯萎沉到底部前呈现出一种亮丽的红色。

另一个用处是控制蚊子。满江红有时也被叫作蚊子蕨，因为它们会铺满水体表面，从而阻挠成年蚊子往水里产卵。据说还会闷死到水面来呼吸的蚊子幼虫。满江红"毯子"需要够厚够密，否则蚊子反而能从满江红的"覆盖"中获益，因为能让它们躲避天敌。

满江红作为肥料也不是没有问题。常用的喷到水稻上的除草剂，哪怕是最小剂量也能把它们杀死。大多数农民不愿意为了满江红作为肥料的收益而牺牲除去杂草的获益。而且，不是世界上所有的水稻都种在灌水的田地或水稻田这种水位可以调控的地方，因此很难在别处种满江红并使其被土壤吸收利用。最重要的是，满江红的栽培是劳动密集型的，对人工费很贵的国家来说成本太高了。在有些地区，每种1英亩（0.4公顷）的水稻需要花费1000小时的人工。在这样的地区，用化学肥料可便宜多了。出于种种原因，满江红的确不是所有农民都适用的灵丹妙药。

尽管满江红有局限性，但它有可能还会被继续培育很长一段时间。水稻覆盖了全世界约11%的耕地，是近25亿人的主粮。人类将会需要更多的水稻，依赖一种对环境安全又节省能源的肥料将会是件好事情。

31. 田字蘋

在 1861 年的 6 月 26 日，威廉·约翰·威尔斯（William John Wills）在澳大利亚中部库珀河（Cooper's Creek）旁的一棵树下奄奄一息。几周以来，他和两个同行的探索者都以一种叫作银毛田字蘋（*Marsilea drummondii*，图 132）的小小蕨类植物的孢子果为食，但食物质量有待提高。虽然他们很热衷于吃它，但他们变得消瘦而且腿疼得几乎瘫痪了。威尔斯试图靠在树上，此时他的脉搏只有 48，他在自己的日记中写道："我的胃口很好也很喜欢吃田字蘋，但是它似乎不能给我营养……靠田字蘋抗饿绝不是一件很不愉快的事，要是不考虑虚弱感，只考虑食欲的话，它真的给了我最大的满足。"（Moorehead 1963）

三天后，他的那两个同伴出发去寻求帮助，而威尔斯则坚持独自留下来，自己照顾自己。两个同伴让威尔斯躺在挨着柴火、水和够 8 天供应量的田字蘋旁的地上（图 131）。从此再也没有人发现过威尔斯。

当他们离开威尔斯两天后，威尔斯的其中一个同伴罗伯特·欧哈拉·伯克（Robert O'Hara Burke），吃了一顿田字蘋的晚餐后就饱饱地入睡了。第二天清晨他便死于营养不良。第三个人，约翰·金（John King）得到了土著居民的帮助，最终被一支搜救队救了，但是他的两条腿都遭

蕨类植物的秘密生活

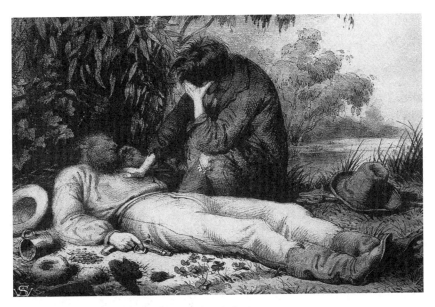

图131 约翰·金悲痛地向被留在澳大利亚内陆
　　　偏远地区自己照顾自己的威廉·约翰·威
　　　尔斯告别。注意在威尔斯身边地上的银
　　　毛田字蘋和它的像豆子一样的孢子果，还
　　　有用来磨碎它的研杵。[水彩，威廉·斯
　　　特拉特（William Strutt）作。感谢：
　　　Granger Collection，New York。]

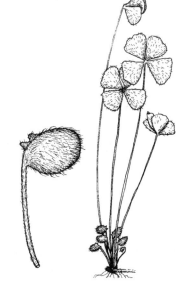

图132 田字蘋的孢子果（左图为放大）是长在叶
　　　柄基部黑色的、像豆子一样的结构。作
　　　者绘图。

受到了永久性的神经损坏。

金的获救给首次也是最悲惨的一次澳大利亚内陆探险拉上了帷幕。探险队员们极其不幸，因为要是再早 10 小时到补给营地他们就都能获救了。而营地的守卫人员是在过了预定会合的日期三个月后才离开的。就伯克和威尔斯这两位探险的领队而言，他们在某方面来说还是成功了：他们首次实现了从南部的墨尔本向北部的卡奔塔利亚湾（Gulf of Carpentaria）横穿大陆（图 133）。

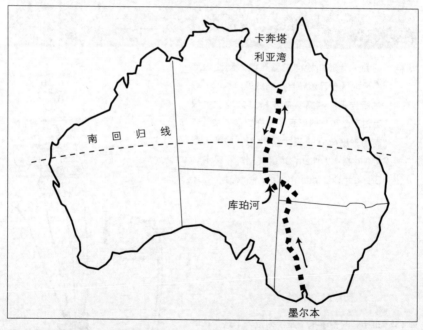

图 133 伯克和威尔斯的探险队在 1860 ～ 1861 年走的路线。这次探险是首次从南向北穿越澳大利亚未知的内陆，这段史诗般的探险距离 1650 英里（2640 千米）。

　　　　　　　　　　　　　　　　　　蕨类植物的秘密生活

历史学家把探险队员们的苦难归咎于田字蘋的营养缺失。但是土著居民几个世纪以来都很喜爱将田字蘋和鱼肉、乌鸦肉及蚌肉作为他们的主要食物。如果田字蘋缺乏食用价值，那他们为什么一直都吃呢？约翰·厄尔和巴里·麦克利里（John Earl and Barry Mecleary 1994），两位来自澳大利亚的生物化学家提出了关于探险队受难的一种不同的解释。他们认为探险队员是受脚气病的折磨，这是一种由于食物缺乏维生素 B_1 引起的疾病。他们指出威尔斯的日记就是描述这种疾病发展过程的教科书，而且事实上也是人类对于这种病的唯一完整的描述。然而他们也指出田字蘋并不是无辜的，实际上它正是这种病的元凶。为什么伯克和威尔斯会死于维生素 B_1 缺乏症而当地土著却不会呢？

　　探险队员会得这种病是因为他们处理田字蘋的方式。当地土著会把田字蘋的孢子果放在一个扁平的中间挖孔的石头上碾成粉末，然后把粉末与水混合。他们给探险队员演示过怎么做。但在威尔斯的日记中，他记录了处理田字蘋的第二步："鱼肉快吃光了，接下来是一些储存的田字蘋饼和水，我吃得很撑以至于一点都吃不下了，皮彻瑞（Pitchery，一位土著居民）给了我一小段时间缓一缓，接着他取出一碗没处理过的田字蘋面粉和成糊状，这是他们用来讨好人的东西，他们把这个奉为美味佳肴。"（Moorehead 1963）根据本尼·克尔温（Benny Kerwin）先生描述的习俗："他们吃的时候会用蚌（壳）当勺子舀进嘴里，而不会用澳洲胶树（*Eucalyptus*）的叶子或树皮，只用蚌壳。"

　　但是探险队员没有遵循当地土著的示范。他们用了一种不同的方法，他们用欧洲人处理谷物的传统做法来处理田字蘋：将孢子果磨粉后，他们将面粉和少量水混合，揉成一个生面团，分成几份小饼后把它们放在营火的灰烬里烤。这样处理田字蘋的问题是硫胺素酶——也就是可以破坏硫胺素的酶，还留在孢子果里。田字蘋里的这种酶浓度很高，它在孢子果里的含量是欧洲蕨的 3 倍，而我们已经知道欧洲蕨里含有这种物质致命的浓度（第 21 篇），而田字蘋的叶子中酶的含量更是欧洲蕨的 100 倍（McCleary and Chick 1977）。由于探险队员们错误地处理了食物，他们把自己毒死了。田字蘋还可以毒死绵羊。在 1974～1975 年的夏天，在澳大利亚莫里西部的格威迪尔盆地（Gwydir Basin）有超过 2200 只绵羊死于田字蘋引起的维生素 B_1 缺乏症（McCleary et al. 1980）。

当地土著处理田字蘋的方法是通过用水稀释它的面粉而阻止了毒性。这样可以稀释硫胺素和硫胺素酶及其他任何可以作为这种酶的辅被作用物（酶必须与之结合才能生效的一种分子）的有机分子。在被稀释的田字蘋糊中，这三种分子都结合在一起的可能性很小（酶的活性会以稀释浓度的三次方降低，举例来说，1/10 的稀释浓度，可以将酶的活性降低至 1/1000）。同样地稀释叶子，其中的硫胺素却不会被破坏。厄尔和麦克利里还认为当地土著用蚌壳勺子而非叶子或树皮送食田字蘋的习俗也可以降低酶找到其辅被作用物的可能性。

因为烹饪可以破坏大多数的酶，所以探险队员们用营火的灰烬烘烤田字蘋却没有破坏硫胺素酶真的很令人惊讶。也许硫胺素酶的这种对高温的抗性和田字蘋能存活于澳大利亚内陆偏远地区夏季炎热的高温有关。田字蘋对高温的显著抗性还表现在它的孢子上，它们在孢子囊被投到水里煮过 15 分钟后依然可以萌发。

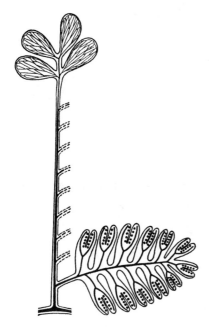

图134 一个假设的田字蘋属的祖先，其基部的羽片，随着演化过程的推进，它逐渐折叠、融合并硬化形成孢子果。上面的点代表孢子囊群。引自：Puri and Garg 1953。

我不能不提几点关于田字蘋孢子果的奇特性就结束这一章节。澳大利亚人把蘋属（*Marsilea*）的所有本地物种都称作田字蘋（*Nardoo*），它们通常生长在夏季会干枯的池塘里。当冬季的雨水再次降临而池塘被水淹没，田字蘋的茎干长出像长柄的四叶草一般的叶子（图132）。孢子果就长在这些叶子的基部，它们看起来就像小小的黑色豆子。虽然嫩的时候是柔软且绿色的，但成熟后就变坚硬了，还会变成深色。这样可以阻止水分流失，而这对在旱季暴露在地上的孢子果来说很重要。有些孢子果水分保存得如此好，以至于它们在130年后还可以萌发并长出配子体（Johnson 1985）。

这种孢子果是一种特别的结构，从羽片或小叶变化而来，是它们在演化过程中逐渐折叠和融合的结果（图134和图135）。这种变化的产物可以保护里面的孢子囊

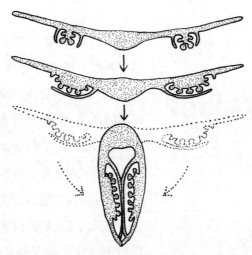

图135 田字蘋带孢子囊群的羽片演化成孢子果的过程。图示是可育羽片的横剖面。顶图，
囊群盖是位于孢子囊群（圆球形的结构）两侧的凸起。引自：Smith 1955。

群，孢子囊群附着在一圈清晰的、吸水的胶状的物质上，这种物质布满
孢子果内部。这一圈胶状物质被叫作孢子囊群托。

当孢子果坚硬的外壳随着时间的流逝老化后会开裂或降解，水分
渗入后被孢子囊群托吸收，然后膨胀起来。这对孢子果壁形成了巨大的
压力，会使它们在吸水开始后的 15 ~ 20 分钟就裂开。孢子囊群托逐渐
挤出孢子果，并把孢子囊群也带了出来（图136）。孢子囊群的外层（囊
群盖）很快降解，孢子囊释放出孢子。孢子在一天之内萌发并长成成熟
的配子体，这个过程与大多数要花上几个月的蕨类植物相比都是一段很
短的时间。

孢子囊群托和孢子囊群盖的胶状物质构成了孢子果中的主要可食
用部分。很可能就是这种胶状物在人的肠胃中膨胀引起饱腹感。也许这

　　　　　　　　　　　　　　　　　　　蕨类植物的秘密生活

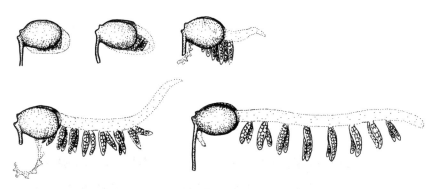

图136 一个萌发中的孢子果，展示孢子果伸出的不同阶段。孢子囊群悬垂在长可达
1.5 ~ 2.5 英寸（3 ~ 6 厘米）的孢子囊群托上。引自：Eames 1936。

种膨胀减轻了饥饿的痛苦，这就解释了为什么威尔斯写道田字蘋给了他
"极大的满足"。这也能解释他的观察："吃了田字蘋后大便会很多，远超
过了吃面包产生的数量。"

　　在伯克和威尔斯死后，澳大利亚中部对殖民者开放了。定居者消
灭了许多动植物，他们的牛群污染和破坏了稀少的水资源。许多当地的
土著不能再以这片土地为生，被迫迁到移民局附近，那里会有小麦面
粉发放给他们。一位 1893 年在场的英国植物学家托马斯·班克罗夫特
（Thomas Bancroft）观察到了这种变化："那些吃移民局给的小麦面粉
的归化了的黑人，已不屑于制作和吃田字蘋蛋糕了。"当地土著社群的
瓦解造成了这样的态度，最终结束了田字蘋的食用历史。

32. 蕨类狂潮

　　1830 年到 1860 年，一阵前所未有的对蕨类植物的极大热情席卷了维多利亚时代的英国。人们蜂拥到乡间去搜集蕨类植物来种到他们的花园或温室里，或者压干来做植物标本册。《园丁纪事》(*Gardeners' Chronicle*) 这本有影响力的期刊报道：玻璃橱里满是蕨类植物，"这是种很流行的适于客厅的装饰植物"。一位评论员评论道："几乎每个拥有好品位的人都在尝试培养这类植物，不管养得好不好。"这股热潮还延伸至拥有蕨类植物装饰图案的瓷器、纺织品及家具（图 137）。简而言之，蕨类植物很"时髦"。这种全国性的对蕨类植物的热情被英国文化与社会历史学家称为"蕨类狂潮"，用拉丁语表达就是"Pteridomania"。

　　这种热潮是伦敦的一位医生纳撒尼尔·巴格肖·沃德（Nathaniel Bagshaw Ward）的一次简单发明引起的，他是一位植物学业余爱好者，而且还是英国皇家学会和林奈学会的会员。在 19 世纪 20 年代晚期，他开始试验在几乎密闭的玻璃容器中放入植物，用他的术语叫作"密封的玻璃容器"。这些容器靠着如下原理发挥作用：在有光线的时候，湿度可以由植物或靠玻璃中压紧的土壤中的水分挥发来实现；到了夜晚，水分又滴回到土壤中。如果容器充分密闭，土壤就可以一直保持湿润，而

　　　　　　　　　　　　　　　　　　　　　　　蕨类植物的秘密生活

图 137 用蕨类植物设计
装饰的便盆。拍
摄：John Mickel。

植株就能长期不浇水存活。

沃德箱——后来一直这么叫——变得极其流行，尤其是用来种蕨
类植物（图 138）。为什么是蕨类植物而不是有花植物，原因不是很清
楚，大概是沃德本人就很喜欢蕨类植物吧。另一个原因可能是蕨类植物
缺乏华丽色彩的花朵和果实，这很符合当时的阴沉氛围，因为那时男士
服装的流行色突然变成了黑色。一个维多利亚时代的作家，可能会带着
无意识的讽刺去评论栽培蕨类植物是因为他们"喜欢一种沉闷安静的氛
围"。蕨类植物流行的另一个原因可能是它适合维多利亚时代的装饰风
格，这种风格喜爱用精巧的、极其丰富的设计来创造精致的效果。卷曲
的拳卷幼叶和精雕细琢的叶片同这种风格的其他要素搭配得很和谐。不
管蕨类植物到底为何变得流行，它已成为大多数维多利亚时代的人心目
中的沃德箱的同义词了（Allen 1969）。

FERN CASES OF THE MOST IMPROVED PATTERNS
Fitted with Ferns of Popular Reputation.

BRONZED OBLONG SHAPE FERNICASE.
FILLED WITH CHOICE FERNS, COMPLETE.

THE "WINDSOR" ETRUSCAN
TERRA COTTA FERNERY.
FILLED WITH CHOICE FERNS, COMPLETE

图 138　杰姆斯·卡特公司（James Carter & Company）广告（1864 年）中的沃德箱。

　　沃德医生的发明远不止是供人种植蕨类植物以彰显其较高地位和品位的小玩意，它还提供了一种供远途运输植物的方法。在沃德箱出现以前，植物很少能在这样的远途运输中存活下来。小一些的植物用苔藓包着放在木箱中，但木箱不能给它们提供阳光；大一些的植物装在容器里运输，但不能避免盐雾、干风以及极端温度的侵袭。沃德箱改变了这一切：植物可以在海上存活数月。植物可以在大英帝国和她诸多遥远的殖民地之间以合理的预期存活率用船来运送（Barber 1980）。

　　成功的植物运输在维多利亚时代的经济和帝国扩张中扮演着很重要的角色。英国政府通过皇家植物园邱园用沃德箱往返于本土和殖民地，运输了数百万的植物。威廉·杰克逊·胡克爵士（William Jackson Hooker）1841 年至 1865 年在邱园担任园长，这 25 年间他经手运输的植物数量是接下来一个世纪的 6 倍。金鸡纳树和橡胶树，是两种原产南美洲的植物，在沃德箱中被首次运到英国，然后运至东南亚和印度尼西亚。现在，它们在当地仍然作为资源储备而被大规模商业种植。茶叶被从中国带到印度，催生了印度的茶产业。香蕉也是原产中国和东南亚的，多亏了沃德箱，它们才能第一次被种到其他国家去。甚至很多我们常见的家养植物在园艺上的首次登场都是因为有了沃德箱。沃德箱在 19 世纪用于运输的便利效果相当于在 20 世纪中期冷藏对航运水果和蔬菜的意义。沃德箱被一直继续用到 20 世纪 60 年代早期然后它们才被聚乙烯袋所取代。

如今我们总是倾向于把植物园看作是研究世界植物区系的科研机构，或者是给公众享受和学习植物的愉快场所。其实它们一直如此，只不过在 19 世纪，植物园还扮演着另外一种更务实的角色：促进贸易和殖民。开拓殖民地的其中一个主要原因是种植经济作物可以增加收入，并为本国的生产提供原材料。植物园的责任之一就是发掘在哪个殖民地可以种哪种作物、怎么种以及如何照看、收获、处理和运输它们。就像陆军和海军增强帝国的实力那样，植物园也有同样的作用。

邱园及其世界各地的附属植物园在促进英国经济利益和殖民主义上扮演的角色是有据可查的（Brockway 1979）。邱园植物学家的科学技术对培育其热带殖民地的几种高度经济性和战略性的作物具有决定性的作用；尽管这些作物很少被当地人民所喜爱。在多数情况下，这些植物会被带离原产国（如厄瓜多尔的金鸡纳树、巴西的橡胶树和墨西哥的剑麻），然后由奴隶或当地的廉价劳动力种植到别处的种植园中。不管怎样，邱园的植物学家和沃德箱促使这些殖民地成为了大英帝国有利可图的一部分。

再回到蕨类狂潮，维多利亚时代的书籍出版商在蕨类植物的风行上赚了一大笔，他们为爱好者推出了很多手册。特别是乔治·威廉·弗朗西斯（George William Francis）的《英国蕨类和拟蕨类植物分析》（*An Analysis of British Ferns and Their Allies*，1837）和爱德华·纽曼（Edward Newman）的《英国蕨类和拟蕨类植物的历史》（*History of British Ferns and Allies Plants*，1840），这两本书卖得尤其好，为蕨类狂潮推波助澜。它们和随后出版的书促进了印刷和插图工艺的进步，如"自然印刷法"，它是将真实的蕨类植物羽片涂上墨然后印到纸上，这样印出的图版具有复杂精细的细节，尤其是叶脉。在 19 世纪 40 年代至 50 年代，具有丰富插图的蕨类植物书籍涌入市场，并于 1854 年至 1855 年达到顶峰，这两年共出版了 14 本关于蕨类植物的新书，其中有些是以前的书的新版。在 1857 年，一本主流植物学期刊《植物学家》（*Phytologist*）报道："蕨类植物的印刷资料……超过了所有其他分支的植物科学。"

这些书造成的一个影响是激发了对蕨类植物的野外探索。许多手册都列举了英国蕨类植物在各郡的分布地点，而爱好者们热衷于给之前未曾有过记录的郡找蕨类植物来"填补空白"。而这些新发现的信息又会被急切地告知出下一版本的作者。当 1844 年，纽曼的书出版了第二版，它是第一版的三至四倍大，这多亏了全国蕨类植物爱好者提供的新分布记录的海量信息。

图139 相似鳞毛蕨的一个栽培品种'羽冠'*Dryopteris affinis* 'Cristata'。拍摄：John Mickel。

图140 蹄盖蕨的栽培种'维多利亚'。羽片呈现出十字交叉状并具冠顶。拍摄：John Mickel。

一大群热忱的爱好者的田野工作给花园创造了数百种新的不同寻常的蕨类植物。它们中的许多是不正常的植株，现在被我们称为变型或是畸形。有羽冠的蕨类植物是最常见的一种变型，植株叶片顶部或羽片顶部（或两者都）重复分叉，创造出一种具褶边的张开效果（图139）。有些变型具有波浪状的、具褶的边缘，如巢蕨的一个栽培变种：千层面蕨（*Asplenium nidus*，彩图3）。现在仍然有在种的，也是我最喜欢之一的'维多利亚'（*Athyrium filix-femina* 'Victoriae'）是以维多利亚女王命名的蹄盖蕨的栽培变种。它的羽片在基部较宽地分叉为几乎相等的两个部分，而当这些部分与其相对的羽片一起看时，呈现出十字交叉状，在叶轴中央形成了 X 形（图140）。维多利亚时代的园丁对这种类型的植物有强烈的需求，他们会花重金求新品种。在1860年，苗圃主列了一张820个种和栽培变种的名单，其中欧洲对开蕨的栽培变种就占了50余种。

然而，这种热潮也有一个不好的影

图141 采集蕨类植物在维多利亚时代很流行，这是《伦敦新闻画报》中一幅
插图"采集蕨类植物"。在英国巴恩斯特珀尔北德文区博物馆展出。

响：蕨类植物简直被"爱死"了，因而导致过度采集。在英国，蕨类植物爱好者没有保护的意识，从乡野收集了尽可能多的蕨类植物，把它们带回家展示给朋友们看，把它们种在花园或沃德箱里或组合展示（图141）。有时蕨类植物还会被压干，有技巧地裱在厚厚的纸张里，为了效果有时还会在基部周边放一些苔藓和地衣。当做了足够多的数量后，它们会被集中在一起做成书的形式——一个标本册——放在客厅展示。这种收集给当地蕨类植物居群造成了灾难性后果。一个经常被引用的例子就是，过度热情的收集者在格恩西岛（Guernsey）发现小瓶尔小草（*Ophioglossum lusitanicum*）后的两年内便几乎消灭了它的整个居群。

比采集个体更糟糕的是商人。他们有时带走整个居群并吹嘘他们一天当中可以连根拔走多少多少吨的蕨类植物。当本地的蕨类植物不可避免地变得稀少起来，有些肆无忌惮的商人就想办法从种植园盗取。不管是合法还是违法途径，挖走的蕨类植物都被运至城市中由经销商兜售或放在市场售卖。对经销商来说，在伦敦一个重要的蕨类植物售卖点就是英格兰银行的门外。

到 19 世纪 60 年代中期，许多稀有种都几乎灭绝了，以至于一位收集者写道："如此彻底破坏任何蕨类植物的生境的做法显得很残忍，如果这股热潮继续下去，我觉得任何已知的物种都没希望在它原来的栖息地留存下去。如果把这些可怜的蕨类植物像旧时的狼一样按头论个卖，它们很快就会以同样的方式消失。我们应该有关于蕨类植物的法律来保护它们。"（Allen 1969）但几页之后这位收集者承认她找到一种稀有蕨类植物的第一反应是装满一篮子然后把它通过铁路寄回家，而且她还建议读者们也这么做。保护还没有完全深入到许多维多利亚时代的人们的意识里。

最终，用于售卖的蕨类植物质量下降了。纤弱的或生病的植株以及奇奇怪怪的"歪瓜裂枣"们在被卖给一群被太多变种搞得毫无辨别力的公众后很快就枯萎死掉了。这是这阵疯狂已经达到顶峰的一个标志。

所有的时尚潮流，无论它们在鼎盛期燃烧得多么灿烂，终会归于平静，而蕨类狂潮也是如此。到 19 世纪 60 年代末，它变成了现在这样，蕨类植物历史中的一段神奇而充满魅力的章节，同时也是英国历史中的一段特别的篇章。

33. 鞑靼的植物羔羊

　　我曾经在邮箱里收到过一件不同寻常的礼物。它看起来就像一只毛绒玩具，约莫一只吉娃娃的大小，除了它的四条裸露的长腿外其他地方都披着金色的毛发（近似于图142）。我以前从未见过类似的东西，也不确定它是什么做的。研究了一小会儿后，我意识到它是由一段树蕨的茎做成的——没有敏锐的观察力是因为这个礼物是台北台湾大学的郭城孟寄来的，他是中国台湾地区蕨类植物的最高权威。我只能看出这是一段切的时候带了四个叶柄的茎，叶柄向下弯形成了"腿"。而耳朵和尾巴是用干燥的拳卷幼叶精巧地粘上去的。

　　去了一趟图书馆很快就发现了这个不同寻常的礼物背后的迷人故事。用来做这个毛绒玩具的是树蕨中的金毛狗（*Cibotium barometz*），它是蚌壳蕨科中的一个物种。组装这些动物玩具已经成了东南亚地区的一种家庭手工业，这里正是这种蕨类植物的产地。它们经常在佛教寺庙附近作为纪念品卖给游客，不过中国家庭的药品柜也存有这种蕨类植物，因为它金色的毛可以用来止血。有几位中国的同事告诉我，小时候他们的母亲会把这种毛用于治疗割伤或擦伤。

　　当我在图书馆继续读下去，故事变得复杂了。最终我查出这种由树蕨做的像狗的动物叫作"鞑靼的植物羔羊",有相当多关于它的神话。鞑靼人位于黑海北边的一块区域,但是金毛狗只生长在东南亚,这种蕨类手工艺品怎么会有一个这样的名字呢?

这要从中世纪说起,那时有一则关于一种半植物半动物的被叫作植物羔羊的神话。虽然这个传说已经流传了几个世纪,但直到 14 世纪在当时的一位叫作约翰·曼德维尔(John Mandeville)的旅行谎言家的一本书里它才出了名。曼德维尔可能在 1322 年去了迦南朝圣,直到 34 年后才回来。他的书《曼德维尔爵士旅行记》(*The Voyages and Travels of Sir John Mandeville, Knight*)中充满了侏儒族、巨人和长着宝石的植物——甚至有首次环球旅行的描述。这本书在中世纪世界引起了不小的轰动,但是里面的内容不乏抄袭,还有很多纯属捏造。但这本书鼓舞了文艺复兴时期的几代探险家,包括克里斯托弗·哥伦布都把它当作一本真正的指南,用它来说服西班牙王室资助他的航行。后来它还启发

图142 中国产的植物羔羊,用金毛狗树蕨的根状茎制作,它的脚和犄角是用叶柄基部做的。引自:Lee 1877。

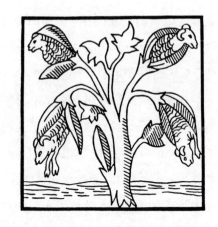

图 143 植物羔羊，展现了这个传说早期的版本：
植物在它的枝条顶端长着小羊羔。引自：
Lee 1877，根据约翰·曼德维尔（约
1356）原图重绘。

过莎士比亚、斯威夫特、笛福和柯勒律治等人。（Milton 2001）不管怎样，曼德维尔在书中描述了一次去觐见鞑靼大汗的旅途中看到了一种奇怪的树，树枝条末梢的豆荚中长着小羊羔（图 143）；他还宣称吃过它的果实。他承认这种植物看起来难以置信，但他又向他同时代的基督教徒指出"上帝在他的作品中显现得不可思议"。

曼德维尔的描述激励着旅行者们去寻找植物羔羊，但无人有幸找到它们。人们只是带着关于那种罕见的神出鬼没的植物羔羊的道听途说回来，这些传闻通常是被高度美化的。这种传闻逐渐从一种枝条顶端长着羔羊的植物，变成了一个单独的茎上长着一只羔羊，在其肚脐处相连（图 144 和图 145）。关于这个版本的传说最完整的描述来自于冯·哈伯斯坦男爵（Baron von Heberstein），他在 1549 年写道：

在里海附近的区域……有某一种长得像瓜子但又比瓜子更

圆更长的种子，当它扎根到土里，它会长出长得像羔羊一样的植株，并且能长到两英尺半（76 厘米）的高度。它在当地被叫作"博拉米兹（*Borametz*）"或者"小羊羔"。它有头、眼睛、耳朵以及其他新生的小羊羔会有的身体部位……头上会长出保护头部的一种特别柔软的羊毛……此外，他还告诉我这种植物（如果它能被称为植物）还有血，但是没有肉，在本该长肉的地方它长的是一种近似螃蟹肉的物质……它从肚子中央的肚脐处往下扎根，并吞食周围的草本来维生。当周边它能够着的范围里不再有草食时，茎干逐渐枯萎，羊羔也就死了。它的味道极好，因而是狼和其他贪婪的动物最喜欢的食物。（Lee 1887）

图144　植物羔羊的一个后来版本。根据克劳德·杜雷特的《自然界中令人敬佩的神奇植物》（1605）重绘。

图145 植物羔羊的另一个后来版本。引自：Lee 1877，根据约翰·赞恩的
《眼镜物理数学和历史科学纪实》（诺林伯格，1696）重绘。

对植物羔羊的相似描述鱼贯而来，每一个都比其前一个更美化一些，直
到怀疑的人再也不能忍受了。不相信的人们奋起挥笔攻击这个传说及其
所有的荒谬性，而愤怒的信奉者则予以回击。结果就是，在16世纪到
17世纪期间这个植物羔羊的传说在当时一些知名的作家中不断被提及
并引发辩论。英国知名心理学家兼学者托马斯·布朗爵士（Sir Thomas
Browne）在其作品《常见错误》（*Pseudodoxia Epidemica*，1646）中

　　　　　　　　　　　　　　　　蕨类植物的秘密生活

试图揭穿植物羔羊的谎言：

> "博拉米兹"这种动植物混合体或者叫鞑靼的植物羔羊创造
> 了很多奇迹，它是狼喜欢吃的食物，还拥有羊羔的形状，受伤了
> 还会流血，以它周围的植物为生。然而如果这一切都不复存在，
> 那么在茎干顶端的花或种子中的羔羊形状可能就和我们在某些植
> 物中看到的蜜蜂、苍蝇及狗的形状差不多，那么他其实没看到什
> 么值得大惊小怪的东西。

对此，亚历克斯·罗斯在其《微观世界的奥秘》(*Arcana Microcosm*,
1652；主要内容为人性作为宇宙的缩影的奥秘) 反驳道：

> 那种观点(布朗的观点)认为植物动物或者鞑靼的植物羔
> 羊只不过是花或者种子中长得像羔羊的形状，不足为奇。如果
> 写这些故事的那些作家没有欺骗我们，当然肯定不只是这样。
> 因为斯卡利格(Scaliger)描述的它们的每个部分都和羔羊很
> 像(Exerc.182.29.)，除了这些不同：它们没长角，取而代之的
> 是像角一样的长毛发；它们覆盖着一层薄薄的皮肤，一受伤就会
> 流血；只要有草吃它们可以一直活下去，吃光后它就死了。他还
> 写道，它们是狼的食物。所有这些细节都是真实的，因为：1. 形
> 状，为什么这些植物不能长得像羔羊，由尼克·莫纳德斯(Nic.
> Monardes)描述的一种印第安水果还长得像龙呢，自然把它
> 描绘得这么像人造的，就好像是画家画上去的(指的是龙血树

Dracaena draco)。2. 它为什么不能有软软的羊毛一样的皮肤呢，就像桃子、柑橘、板栗及其他覆着一层被诗人称为胎毛的柔毛的水果一样？3. 它为什么就不能流血呢？就像我们刚刚提到的那种因其果实形状而得名龙血树的植物一样，它的树液被叫作龙血，因具有止血和强壮的疗效而出名。4. 它为什么不能有动物的情绪呢？就像有一种叫含羞草的植物，当你碰到或靠近它，它就会闭起它的 16 片叶子，而当你离开后它又会重新舒展开来。或者如辛巴顿岛上的一种树，它的叶子落到地上后会像虫子一样上下爬，叶子每侧都有两只小脚（引述自斯卡利杰尔，Exerc. 112.），如果它们被触碰到，它们就会逃走。一片这样的叶子在盘子中能活八天，只要碰到就会动。

纪尧姆·德·萨吕斯特·迪巴尔塔斯（Guillaume de Salluste Du Bartas）在他的诗歌《星期》（*La Semaine*，1578）中融入了这则传说，他在里面描述地球和地球上的生命是在创世后的第二周形成的。在这第二周的第一天，亚当和夏娃发现了这种植物羔羊。这首诗歌激励了伦敦的一位药剂师约翰·帕金森（John Parkinson）在他的《在人间花园里的天堂》（*Paradisi in Sole Paradisus Terrestris*，1629）中描绘出了植物羔羊。这本书的卷首插图展现了亚当和夏娃在欣赏伊甸园中的动植物，而植物羔羊就在后面安静地注视着这一切。

这则传说长盛不衰，直到 1698 年大英博物馆（其生物部分，现在被叫作英国自然历史博物馆）的创始人汉斯·斯隆爵士（Sir Hans Sloane）收到一份来自印度的特殊标本。这下终于有一份难以获取的植

　　　　　　　　　　　　　　　蕨类植物的秘密生活

物羔羊的标本了！斯隆意识到这是由一段树蕨的茎制成的，他急切想要揭穿这则传说，于是在皇家学会成员面前展示了标本并提出了自己的看法。那些戴着假发的著名学者一致点头同意。

当一位来自但泽（Danzig）的德国植物学家布赖恩博士（Dr. Breyn）独立发现了同一种来自印度的"毛绒动物"（图 142）后，斯隆的观点得到了更多支持。跟斯隆一样，布赖恩也认为这是由树蕨的茎制成的。斯隆和布赖恩的声明让公众相信这种植物羔羊只是另一个人们轻信中世纪思想而产生的传闻。林奈接受了这种解释，在 1753 年他用鞑靼语 "barometz"（意思是小羊羔）作为这种根状茎可以用来做毛绒玩具的树蕨金毛狗的种加词。在 1790 年，一位葡萄牙植物学家兼天主教传教士若昂·德理路（João de Loureiro）也被说服了，在他的《交趾支那植物志》（Flora Cochinchinensis，1793；按今天的地理可以叫《越南南部植物区系》）中写道："许多作者都提到过植物羔羊，但多数都是无稽之谈。我这里看到的不是一种果实，而是根，这种根稍微用点技巧就可以变成一只棕褐色小狗的模样，之所以不说它是羔羊，是因为在中国的说法里它就叫狗。"

这又把我们带回了那个问题：鞑靼为何会和东南亚的一种蕨类植物产生联系？是斯隆鉴定错了吗？至少有一个人是这么认为的，他是英国博学家亨利·李（Henry Lee）。亨利·李在 1887 年争论说印度的棉花才是植物羔羊的原型。他写过一本少有人知的关于此问题的学术著作《鞑靼的植物羔羊：棉花的一则怪谈》（The Vegetable Lamb of Tartary: A Curious Fable of the Cotton Plant），其中的辨析很具说服力。

首先，棉花符合这则传说的最初版本：一棵枝条顶端长着小羊羔的植物。李指出这个版本就是古人对棉花的描述。在旧世界，棉花只在印度种植；希腊人用羊毛来做衣服，埃及人用亚麻纤维来制作亚麻布，而东亚人用丝绸。希罗多德（Herodotus）是希腊第一位历史学家，他在公元前484年旅行到印度，他写道："他们有一种野生的树结的果实就像羊毛一样漂亮，质量和来自绵羊的毛一样好。印度人穿的衣服就是来自这些植物。"泰奥弗拉斯托斯（Theophrastus）和亚历山大大帝的几位将军们也描述道："印度的树上结着羊毛球，当地人用它来做衣服。"古希腊人对绵羊熟悉，但从没见过一株棉花。还有什么比将棉花描述成"一棵枝条顶端长着白色毛茸茸的羔羊的植物"更好的描述方法吗？亨利·李认为这样类似的描述产生了植物羔羊的传闻。此外，棉花推论还解释了为什么有些版本中说植物羔羊是由种子培育的（例如冯·哈伯斯坦男爵的描述）。

但棉花推论就和之前的树蕨猜想一样有一个地理上的矛盾：在传说出现的时间里，棉花只产于印度而不是鞑靼。那棉花是怎么和鞑靼产生联系的呢？对此李也有解答：在中世纪，鞑靼是斯基泰（Scythians）的一部分，斯基泰是一个拥有从东经25°至116°广阔领地的国家（它的具体范围随着斯基泰人国家权力的改变而变化）。斯基泰的一部分是天竺-塞西亚，它包括现在巴基斯坦的信德省和旁遮普省，棉花就是在这里被栽培的。在中世纪早期，棉花经由陆地被带到埃及和君士坦丁堡，然后卖给来自地中海的商人。当穆斯林攻克了埃及和君士坦丁堡后，这条贸易线被切断了。作为应对，有利可图的棉花、香料及其他来自印度的商品的贸易由车队向北穿越喜马拉雅西部（即兴都库什山）至撒马尔罕（在今天的乌兹别克斯坦，当时属于斯基泰）。从这里车队加入向西的队伍，而商品也最终被运至欧洲。

沿途中会有带着上好的羊毛及羊皮（也有其他物品）的鞑靼商人们加入商队。在数不清的商队到达西方世界进行贸易后，这种来自印度的"植物羊毛"（即棉花）便和鞑靼产生了关联，虽然这只是一个途中经过但不会栽种它的地方。与此相似，许多来自印度和中国的特定香料也和阿拉伯产生了联系，虽然它们是在那里被买卖而不是被栽培。

由此可知，关于植物羔羊的传说是基于棉花而不是一种蕨类植物的。在 1991 年，我在台湾和我的同事郭城孟一起采集蕨类植物。他告诉我植物羔羊这种树蕨价值在 4～10 美元，而且很容易找到。幸运的是，在台湾用来做植物羔羊的树蕨——金毛狗——很常见也没有因为采集而变得濒危。所以当你下次到亚洲去时，你可以考虑买个植物羔羊。别不好意思，它们会成为你喜爱蕨类植物的朋友们的好宠物。

彩图

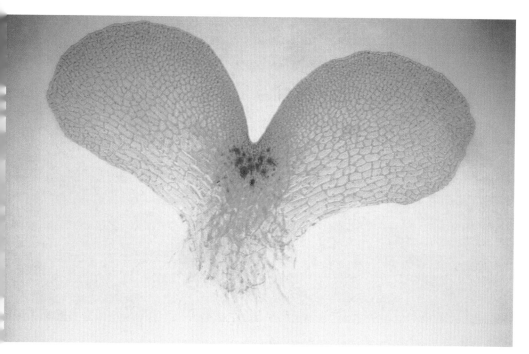

彩图1　蕨类植物的原叶体。颈卵器是凹口下面的深色结构。拍摄：Gordon Foster。

彩图 2 北美东部和东亚的掌叶铁线蕨（*Adiantum pedatum*）。

蕨类植物的秘密生活

彩图3 千层面蕨（*Asplenium nidus*），一种广泛栽培的、拥有厚而波状叶子的巢蕨。

彩图

彩图 4 北美东部的北美过山蕨（*Asplenium rhizophyllum*），在东亚有近亲。

彩图 6 蹄盖蕨（*Athyrium filix-femina*）的原叶体和第一叶（浅
         绿色、浅裂的、直立的）。拍摄：Gordon Foster。

彩图 5 铁角蕨（*Asplenium trichomanes*），一个拥有二倍体（图中所示）、
         四倍体和六倍体的物种。

彩图 7 来自哥伦比亚的番桫椤属（*Cyathea*）树蕨。拍摄：Bill Mcknight。

蕨类植物的秘密生活

彩图 8　在墨西哥出售的树蕨树干雕
　　　 像。基部根被当中的洞是之
　　　 前由茎干占据的位置。拍摄：
　　　 Blanca Pérez-Garcia。

彩图 10　来自哥斯达黎加的霍夫曼舌蕨（*Elaphoglossum hoffmannii*），展示从虹光到绿色渐变的叶子。拍摄：Mauricio Bonifacino。

彩图 9　来自台湾的双扇蕨（*Dipteris conjugata*）。它在整个中生代拥有众多广布的、引
　　　 人注目的蕨类区系成员。拍摄：S. J. Moore。

彩图 11　塔拉曼卡石杉（*Huperzia talamancana*），一种来自哥斯达黎加的石杉。叶腋的黄色结构是孢子囊。拍摄：Mauricio Bonifacino。

彩图 13　一种生长在富营养水体中并被绿藻轻微覆盖的水韭。拍摄：Carl Taylor。

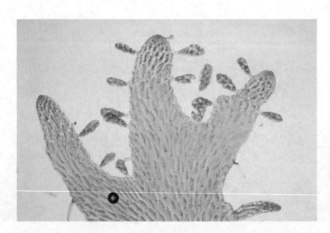

彩图 12　泰勒膜蕨（*Hymenophyllum tayloriae*）配子体边缘的珠芽。这种珠芽提供了一种营养繁殖的方式。拍摄：Donald R. Farrar。

　　　　　　　　　　　　　　　蕨类植物的秘密生活

彩图14 天梯蕨属（*Jamesonia*）是安第斯高寒带的一个特别的蕨类植物的属，属名是为了纪念苏格兰植物学家威廉·詹姆森（1796 ~ 1873），植株是他在基多附近采集的。

彩图

彩图 15　来自马来西亚的罗伞蕨（*Matonia pectinata*），在整个中生代，该物种的近缘类
群（现已灭绝）遍布全球。拍摄：S. J. Moore。

　　　　　　　　　　　　　　　蕨类植物的秘密生活

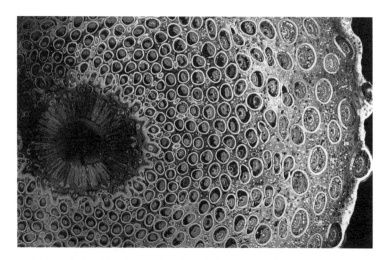

彩图16 来自古二叠纪塔斯马尼亚的古紫萁属（*Palaeosmunda*）化石树干。茎干是树干中央深色的区域；许多的圈代表环绕着茎干的叶基。拍摄：James Frazier。

彩图17 干燥状态下的水龙骨状百生蕨（*Pleopeltis polypodioides*）。

彩图19 来自哥斯达黎加的多足蕨
属（*Polypodium*）的孢子。
水龙骨科（Polypodiaceae）
以缺失囊群盖的孢子囊和黄
色的孢子为特征。

彩图18 湿润状态下的水龙骨状百生蕨（*Pleopeltis polypodioides*）。拍摄：T. Mickel。

彩图20 一种来自墨西哥的分枝
扁平的松叶蕨（*Psilotum
complanatum*）。拍摄：
John T. Mickel。

蕨类植物的秘密生活

彩图 21 人厌槐叶蓣（*Salvina molesta*），展示舒展的生活型。拍摄：S. J. Moore。

彩图 22 人厌槐叶蓣，展示拥挤的生活型。拍摄：S. J. Moore。

彩图 23 人厌槐叶蓣的水下叶子，长着根状的分枝和圆形的发白的孢子囊。拍摄：S. J. Moore。

彩图

彩图 24 藤卷柏（*Selaginella willdenowii*），一种来自泰国的带虹光的卷柏。

蕨类植物的秘密生活

彩图 25　来自哥斯达黎加的土豆蕨（*Solanopteris brunei*）。一个块茎被切开，以展示里面被蚂蚁入住的腔室。

彩图 26 佛罗里达州的一棵生长在棕榈树叶腋的书带蕨（*Vittaria lineata*）。

蕨类植物的秘密生活

术语表

科的后缀（-aceae）分类学阶元科的后缀。

黏附（adhesion）不同物质间的分子吸引，比如水与玻璃或纤维素之间的作用。

气囊体（aerophore）叶片的透气组织，通常为叶柄上连续的白色或淡黄色的线，有时下延至茎。在有些属中，比如乌毛蕨属或沼泽蕨属，气囊体可能会呈短楔状，位于连接羽轴的羽片基部。气囊体上有大量的气孔，这些结构能够让空气传导至叶片中，气囊体是蕨类植物叶片的特有结构，其他植物中没有此结构。

目的后缀（-ales）分类学阶元目的后缀。

被子植物（angiosperms）有花植物。

环带（annulus）孢子囊上环绕、部分环绕或成簇生长的厚壁细胞，功能是打开孢子囊。

精子器（antheridium）雄性性器官，含有精子；生于原叶体的下表面。

无配子生殖（apogamy）无性繁殖的一种方式，新的孢子体直接从原叶体组织增殖，而不是来自受精的卵细胞（受精卵）。

颈卵器（archegonium）雌性性器官，含有卵细胞；隆起的基部上有短颈，生于原叶体的下表面。

腋（axil）茎和叶片之间的部位。

双名法（binomal）物种名称通常由两个词语组成，即属名和种加词。

叶片（blade）叶上薄而宽的部分或整片叶，区别于叶柄，也被称为 lamina。

苔藓植物（bryophytes）苔类、藓类和角苔类植物——散播孢子的陆生植物，拥有明显且长存的配子体，孢子体没有分支且有单一的顶端孢子球。

芽（bud）蕨类植物中，一般是可以生长成新植株的组织块。

珠芽，小鳞茎（bulblet）生于茎或叶上的小芽状体，用于植株的营养繁殖。

林冠（canopy）森林中最上层的植物。

纤维素（cellulose）植物细胞壁的主要组成糖类。

染色体（chromosome）携带基因的结构；在植物和动物中，可在细胞核中找到染色体，细胞分裂时可见。

复叶（compound）由两片或更多小叶组成的叶片。

球果（cone）一串紧致的高度特化的枝端孢子叶。

栽培变种（cultivar）植物栽培状态下的变种，一般是为了选育某种特性，通过人工栽培或从野生植物中筛选。

二叉（dichotomous）有规律的成对分叉。

二形（dimorphic）有两种形态；蕨类植物中，通常指营养叶和繁殖叶在大小和形状上的差异。

二倍体（diploid）拥有两套染色体，孢子体世代所具有的特征（2n）。与单倍体（n）相对应。

弹丝（elater）木贼孢子上附带的吸湿的条形带。

特有（endemic）限制于特定的地理区域；一般用于狭域分布的物种。

表皮（epidermis）根、茎、叶最外层的细胞。

附生植物（epiphyte）生长于其他植物（仅用于支撑）之上的植物；不同于寄生。

真叶（euphyll）由早期维管植物（泥盆纪）立体的分枝系统演化发育而来的叶子；又名大叶。

假囊群盖（false indusium）由向内反卷的叶片所形成的囊群盖；凤尾蕨科中很多属的特征，比如铁线蕨属、碎米蕨属和旱蕨属。

科（family）分类学阶元，介于目和属之间。

拟蕨类植物（fern allies）通过散播孢子繁殖的维管植物，它们和真蕨有着类似的生活史，不同之处在于它们孢子囊的生长方式，以及具有更小且简单的叶片和不分支的叶脉。现存的拟蕨类植物有以下几个科：木贼科、水韭科、石松科、松叶蕨科和卷柏科。"拟蕨"这个术语如今已经废弃不用，原因是现有的研究表明木贼科和松叶蕨科属于蕨类植物，蕨类植物的亲缘关系更接近于种子植物而非石松类植物（水韭科、石松科和卷柏科）。

繁殖叶（fertile）对蕨类植物来说，一般指的是长着孢子的叶。

拳卷幼叶（fiddlehead）蕨类植物幼叶卷成的芽；像牧杖一般。

植物区系/植物志（flora）所有生长在某个区域的物种名录，或者是所有生长在某个区域的物种总称；还可以表示提供鉴定某一特定区域植物的鉴定方法的书籍（植物志）。

叶（frond）蕨类植物的叶子，一般高度分裂。

配子（gametes）受精作用中融合的生殖细胞（卵细胞和精子）；植物中，这些细胞通过有丝分裂产生，而非动物中的减数分裂。

配子体（gametophyte）蕨类植物中，一般是小而扁平、长着性器官（精子器和颈卵器）的植株（原叶体），性器官分别产生配子；配子体中的每个细胞都有一套染色体，即单倍体。配子体由孢子长成。

胞芽（gemma）见珠芽。

基因（gene）染色体上决定遗传特征的单元。

属（genus）包含一群近缘物种的分类学阶元。

裸子植物（gymnosperms）产生种子但是缺少花的植物，包括苏铁、银杏和松树。

单倍体（haploid）拥有一套染色体，配子体世代所具有的特征（n）。与二倍体（2n）相对应。

异型孢子（heterosporous）有两种不同类型的孢子（大孢子和小孢子），雄性孢子更小，两类孢子产自不同的孢子囊：满江红属、水韭属、蘋属、线叶蘋属、二叶蘋属、槐叶蘋属和卷柏属。

同源（homology）由于拥有来自同一祖先的遗传特征而产生的相似。

同型孢子（homosporous）有一种类型

的孢子。

腐殖质（humus）森林中的枯枝落叶腐烂所形成的有机物质。

杂种（hybrid）两个不同物种结合的后代；几乎所有的蕨类植物杂种都是不可育的，其孢子败育。

囊群盖（indusium）孢子囊群上所覆盖的结构。亦见于"假囊群盖"。

节间（internode）茎上两个连续的节之间的位置。

陆生植物（land plants）苔类、藓类、角苔类、石松类、蕨类和种子植物；亦见于有胚植物。这些植物演化自水生的绿色藻类祖先。

纬度多样性梯度（latitudinal diversity gradient）大多数的分类群中绝大多数物种分布于热带，而往两极物种数逐渐变少的趋势。

小叶（leaflet）复叶上的一片分裂的小叶片。

鳞木类植物（lepidodendrids）树木状的石松类植物，大量存在于石炭纪；特征是有图案花纹的树皮和通常被称为根状体的根系。

石松类（lycophytes）石松科、卷柏科、水韭科和它们的化石亲戚（比如鳞木类），特征是有着简单而完整的仅有一条叶脉的叶片（小叶），和生于叶片上表面或叶腋的单一孢子囊。从演化的角度来说，这些植物是蕨类植物和种子植物的姊妹群。

叶缘（marginal）叶片的边缘；通常说孢子生于叶缘，而不是说生于叶片的下表面。

大型叶（megaphyll）由早期维管植物（泥盆纪）立体的分枝系统演化发育而来的叶子；又名真叶。

大孢子（megaspore）雌性孢子，如此说是因为雌性孢子通常要比雄性孢子（小孢子）大。

减数分裂（meiosis）细胞分裂产生孢子的方式（植物中）。减数分裂期间，细胞的染色体加倍一次、分裂两次。结果是产生四个细胞仅拥有原始细胞一半的染色体数目。

小型叶（microphyll）简单且完整的叶，仅有一条叶脉，若是繁殖叶则仅在叶的上表面生长孢子囊；小型叶是石松类植物的特征，被认为和大型叶有着不一样的演化起源，与大型叶不同，小型叶缺少顶端细胞或边缘分生组织。

蕨类植物的秘密生活

小孢子（microspore）雄性孢子，如此说是因为雄性孢子通常要比雌性孢子（大孢子）小。

有丝分裂（mitosis）一类细胞分裂的方式，染色体先加倍，然后子染色体被拉开到两个独立的细胞中，形成两个遗传上完全相同的子细胞。

固氮作用（nitrogen fixation）整合大气中的植物无法利用的氮元素，使其变为植物可以利用的成分；只能通过特定类别的细菌来完成，比如蓝藻中的满江红鱼腥藻，其生活在满江红的叶子上。

节（node）茎上叶所附着的位置。

新世界（New World）美洲的热带部分，包含西印度群岛、赤道两侧纬度在 22.5° 之间的中美洲和南美洲。

旧世界（Old World）欧洲、亚洲、非洲和澳大利亚。

纲的后缀（-opsida）分类学阶元纲的后缀。

高山稀疏草地（páramo）新世界热带山脉的树线以上海拔的灌丛或草原植被，尤指安第斯山脉。

柄（petiole）叶的柄部，即叶柄。

韧皮部（phloem）植物的养分传导组织，构成了部分叶脉或维管束。

叶足（phyllopodium，复数为 phyllopodia）根状茎上的桩状延展结构，用来连接叶片，一般有一层明显的脱落层。

羽片（pinna）羽状分裂的叶子的主要部分；一片小叶。

羽状（pinnate）具有一定分布规则的叶片，有一条独立的中脉，小叶从中脉长出。

一回羽状分裂（pinnate-pinnatifid）指的是分裂一次、有深裂羽片的叶片。

羽状分裂（pinnatifid）分裂近叶轴的四分之三处。

羽状全裂（pinntisect）分裂直至叶轴。

小羽片（pinnule）次级羽片。

多倍体（polyploidy）整套染色体翻倍。

原叶体（prothallus，复数为 prothalli）见于"配子体"。

蕨类植物学家（pteridologist）研究蕨

类植物的学者。

广义的蕨类植物（pteridophytes）包含蕨类和石松类植物，定义为生活史由孢子体世代和配子体世代所构成，且两个世代均可独立生存、不依附于对方；孢子体大而明显，配子体不明显且寿命短暂。

幼苗（pups）鹿角蕨成熟植株根部珠芽所形成的小植株。

叶轴（rachis）复叶的中轴。

雨林（rain forest）每年雨季降水量超过 100 英寸（2500 毫米）的森林；一般没有明显的干旱期。

囊托（receptache）孢子囊生长位置上的组织。膜蕨属和鬃蕨属中，这个结构是刚毛状；在大多数的蕨类植物中，该结构在叶表面是平顺的或微微竖起。

避难所（refugia）收缩的、片段化的雨林所构成的假想区域，在上次冰期中散乱地分布于中美洲和南美洲，因雨林物种在其中得到了庇护而得名，这些生物被不利于它们生存的稀树草原或草原所围绕着。

网状演化图（reticulogram）描绘一群物种间由杂交和多倍化而来的亲缘关系的网状图。

根状茎（rhizome）横走的根状茎，通过根来固定于土壤中。

根状体（rhizomorph）某些石松类植物（比如水韭和鳞木类植物），由胚芽开始叉状分枝而发育出的根系（因其源于茎组织，故非真正的根）。根状体虽然具有根的固定和吸收功能，但还是地上枝的大体形态特征。

稀树草原（savanna）散乱生长着树木的草原。

鳞片（scale）表皮层的副产物，显得小而平，通常是两个或多个细胞宽的干结构；毛（毛状体）与其很相似，但仅有一个细胞宽。

种子植物（seed plant）裸子植物（比如松树、银杏和苏铁）和被子植物（有花植物）。

裂片（segment）一片叶子分裂的最终程度。

姊妹群（sister group）演化树上亲缘关系最接近的一群；当演化树（演化分支图）上的一支分叉，便产生了一对姊妹群。

孢子囊群（sorus，复数 sori）一群孢子球（孢子囊）。

物种（species）一类通常可以自由繁殖并有着许多共通的特征的个体；这个词既用于单数，也可用于复数。

物种丰富度（species richness）指定区域内，指定的分类群所含的物种数目。

种加词（specific epither）一个物种名称的第二个词，举例来说，*Dryopteris cristata* 中的 *cristata* 便是其种加词。不要与由两个词所组成的物种名（双名法）所混淆。

精子（sperm）雄配子，与体型更大、不可运动的雌配子（卵细胞）相比，体型更小且能够运动。

孢 子 囊（sporangium，复 数 为 sporangia）产生孢子的特化结构。

孢子（spore）孢子囊中所产生的繁殖细胞，生长发育成原叶体；生活史中配子体时期的第一个细胞。亦可见于未减数的孢子。

孢子母细胞（spore mother cell）通过减数分裂成孢子的细胞。

孢子果（sporocarp）某些呈坚硬、圆形或豆形结构的孢子囊；蘋科（蘋属、线叶蘋属、二叶蘋属）的特征。从演化上来说，孢子果代表着交叠的、密闭的坚硬羽片。

孢子叶（sporophyll）长孢子的叶片。

孢子体（sporophyte）生活史中产生孢子的时期，在维管植物中，我们所熟悉的时期是长着根、茎、叶的（与配子体或原叶体相反）。孢子体的每个体细胞都有两套染色体（即二倍体，2n）。

淀粉（starch）植物主要的食物贮藏产物，由 1000 或者更多的葡萄糖单元串联在一起。

不育（sterile）指的是不产生孢子的叶片，也指孢子败育的杂交种。

托叶（stipule）叶柄基部的附属物，通常有两个；在蕨类植物中，用于合囊蕨科，有时用于紫萁属向外展开的叶片基部。

匍匐枝（stolon）土壤中细长的横走茎，顶端或沿着茎有产生新植株的能力；"会走路"。

气 孔（stoma，复 数 为 stomata 或 stomates）叶和茎表皮上由保卫细胞包围着的微张的孔。其张开时，气体可以通过，植物大部分的水分通过这个孔蒸发。有时，这个术语指的是孔和保卫细胞这个整体。

孢子叶球（strobilus）由许多附着在中轴上的产生孢子的叶片（孢子叶）组成的生殖结构；发现于一些现生的植物，比如卷柏属、石松科（石松属、石杉属、小石松属和石葱属）和木贼属，还有一些已经灭绝的类群，比如芦木和石炭纪的巨大石松类植物（鳞祖木）。

亚属（subgen.）分类学等级亚属（subgenus）的缩写，用于一个属中具有更近亲缘关系的一些种类。

异名（synonym）现在所接受的学名的其他名字。

桌山（tepui）委内瑞拉境内一类平顶、边坡陡峭的桌状山脉，不属于安第斯山脉的一部分。

陆生植物（terrestrial）长在地面上而非树上的植物。

四倍体（tetraploid）有四套染色体（4X）。

三倍体（teriploid）有三套染色体（3X）；三倍体既是不可育的，因为会产生败育的孢子，又是可育的，因为它们可以通过无配子生殖而繁殖。

块茎（tuber）短粗的肉质地下茎，就像一个土豆；蕨类植物中，指的是肾蕨属的某些物种地下匍匐枝生出的圆形肉质茎，或是茄蕨属有蚁栖居的茎。

未减数的孢子（unreduced spore）减数分裂中染色体数目没有减半的孢子；这样的孢子为 2n，而不是 n。

变种（var.）分类学等级变种（variety）的缩写，用于一个物种中具有更近亲缘关系的一群种群。

维管（vascular）与专门的组织（木质部和韧皮部）相关，用于传导水、矿物质和糖类。

维管束（vascular bundle）维管组织（木质部和韧皮部）束。

木质部（xylem）传导水分和矿物质的组织。

工蕨（zosterophylls）现存石松类植物的早期亲戚，其特征是生长于绿色的可进行光合作用的主轴侧面（而不是顶端）的肾形孢子囊；灭绝于晚泥盆纪。

受精卵（zygote）受精的卵细胞，新孢子体的第一个细胞。

参考文献

Allen, D. E. 1969. The Victorian Fern Craze, a History of Pteridomania.Hutchinson & Co., London.

André, E. F. 1883. Tour du Monde. Paris.

Andrews, H. N., and E. M. Kerns. 1947. The Idaho tempskyas and associated fossil plants. Annals of the Missouri Botanical Garden 34: 119–186.

Ash, S., R. J. Litwin, and A. Traverse. 1982. The Upper Triassic fern *Phle bopteris smithii* (Daugherty) Arnold and its spores. Palynology 6: 203–219.

Balick, M. J., and J. M. Beitel. 1988. *Lycopodium* spores found in condom dusting agent. Nature 332: 591.

Bancroft, T. L. 1893. On the habit and use of nardoo (*Marsilea drummondii,* A.Br.), together with some observations on the influence of water plants in retarding evaporation. Proceedings of the Linnean Society of New South Wales, series 2, 8: 215–217.

Barber, L. 1980. The Heyday of Natural History, 1820–1870. Jonathan Cape, London.

Boston, H. L. 1986. A discussion of the adaptations for carbon acquisition in relation to the growth strategy of aquatic isoetids. Aquatic Botany 26:259–270.

Boufford, D. E., and S. A. Spongberg. 1983. Eastern Asian-eastern North American phytogeographical relationships—a history from the time of Linnaeus to the twentieth century. Annals of the Missouri Botanical Garden 70: 423–439.

Brockway, L. H. 1979. Science and Colonial Expansion, the Role of the British Royal Botanic Gardens. Academic Press, New York.

Browne, T. 1672. *Pseudodoxia Epidemica:* or, Enquiries Into Very Many Received Tenets and Commonly Presumed Truths. Sixth edition. Edward Dod, London.

Brownsey, P. J. 2001. New Zealand's pteridophyte flora: Plants of ancient lineage but recent arrival? Brittonia 53: 284–303.

Calvert, H. E., and G. A. Peters. 1981. The *Azolla–Anabaena azollae* relation ship, IX.

Morphological analysis of leaf cavity hair populations. New Phytologist 89: 327–335.

Campbell, D. H. 1928. The Structure and Development of Mosses and Ferns. Macmillan, New York.

Chiou, W.-l, and D. R. Farrar. 1997. Antheridiogen production and response in Polypodiaceae species. American Journal of Botany 84: 633–640.

Clute, W. N. 1901. Our Ferns and Their Haunts. Frederick A. Stokes, New York.

Cook, T. A. 1914. The Curves of Life, Being an Account of Spiral Forma tions and Their Application to Growth in Nature, to Science and to Art; with Special Reference to the Manuscripts of Leonardo da Vinci. Con stable and Company, London. [reprinted unabridged by Dover, New York, in 1979]

Cooper-Driver, G. A. 1985. Anti-predation strategies in pteridophytes—a biochemical approach. Proceedings of the Royal Society of Edinburgh 86B: 397–402.

Cooper-Driver, G. A. 1990. Defense strategies in bracken, *Pteridium aquilinum* (L.) Kuhn. Annals of the Missouri Botanical Garden 77: 281–286.

Cooper-Driver, G. A., and T. Swain. 1976. Cyanogenic polymorphism in bracken in relation to herbivore predation. Nature 260: 604.

Corsin, P., and M. Waterlot. 1979. Paleobiogeography of the Dipteridaceae and Matoniaceae of the Mesozoic. Fourth International Gondwana Symposium 1: 51–70.

Davies, K. L. 1991. A brief comparative survey of aerophore structure within the Filicopsida. Botanical Journal of the Linnean Society 107: 115–137.

Domanski, C. W. 1993. M. J. Leszczyc-Suminski (1820–1898), an unknown botanist-discoverer. Fiddlehead Forum 20: 11–15.

Dyer, A. F., and S. Lindsay. 1992. Soil spore banks of temperate ferns. American Fern Journal 82: 89–12.

Eames, A. J. 1936. Morphology of Vascular Plants, Lower Groups. Mc Graw-Hill, New York.

Earl, J. W., and B. V. McCleary. 1994. Mystery of the poisoned expedition. Nature 368: 683–684.

Edwards, D. S. 1986. *Aglaophyton major,* a non-vascular land-plant from the Devonian Rhynie Chert. Botanical Journal of the Linnean Society 93: 173–204.

Emigh, V. D., and D. R. Farrar. 1977. Gemmae: a role in sexual reproduction in the fern genus *Vittaria.* Science 198: 297–298.

Farley, J. 1982. Gametes & Spores, Ideas About Sexual Reproduction, 1750–1914. Johns Hopkins University Press, Baltimore.

Farrar, D. R. 1985. Independent fern gametophytes in the wild. Proceedings of the Royal Society of Edinburgh 86B: 361–369.

Farrar, D. R. 1990. Species and evolution in asexually reproducing indepen dent fern gametophytes. Systematic Botany 15: 98–111.

Farrar, D. R. 1991. *Vittaria appalachiana:* a name for the "Appalachian gameto phyte." American Fern Journal 81: 69–75.

Farrar, D. R. 1992. *Trichomanes intricatum:* the independent *Trichomanes* gameto- phyte in the eastern United States. American Fern Journal 82: 68–74.

Farrar, D. R. 1998. The tropical flora of rockhouse cliff formations in the eastern United States. Journal of the Torrey Botanical Society 125: 91–108.

Farrar, D. R., and C. L. Johnson-Groh. 1990. Subterranean sporophytic gemmae in moonwort ferns, *Botrychium* subgenus *Botrychium.* American Journal of Botany 77: 1168–1175.

Flora of North America Editorial Committee. 1993. Flora of North America. Volume 2, Pteridophytes and Gymnosperms. Oxford University Press, New York.

Fox, D. L., and J. R. Wells. 1971. Schemochromic blue leaf-surfaces of *Selagi nella.* American Fern Journal 61: 137–139.

Gastony, G. J. 1988. The *Pellaea glabella* complex: electrophoretic evidence for the derivations of apogamous taxa and a revised synonymy. American Fern Journal 78: 44–67.

Gay, H. 1991. Ant-houses in the fern genus *Lecanopteris* Reinw. (Polypodi aceae): the rhizome morphology and architecture of *L. sarcopus* Teijsm. & Binnend. and *L. darnaedii* Hennipman. Botanical Journal of the Linnean Society 106: 199–208.

Gay, H. 1993. Animal-fed plants: an investigation into the uptake of ant-de-rived nutrients by the Far-Eastern epiphytic fern *Lecanopteris* Reinw. (Poly podiaceae). Biological Journal of the Linnean Society 50: 221–233.

Gómez, L. D. 1974. Biology of the potato fern *Solanopteris brunei.* Brenesia 4:37–61.

Gómez, L. D. 1977. The *Azteca* ants of *Solanopteris brunei.* American Fern Journal 67: 31.

Gould, K. S., and D. W. Lee. 1996. Physical and ultrastructural basis of blue leaf iridescence in four Malaysian understory plants. American Journal of Botany 83: 45–50.

Graham, A. 1966. *Plantae Rariores Camschatcenses:* a translation of the dissertation of Jonas P. Halenius, 1750. Brittonia 18: 131–139.

Graham, R., D. W. Lee, and K. Norstog. 1993. Physical and ultrastructural basis of blue leaf iridescence in two Neotropical ferns. American Journal of Botany 80: 198–203.

Grayum, M. H., and H. W. Churchill. 1987. An introduction to the pteridophyte flora of Finca La Selva, Costa Rica. American Fern Journal 77:73–89.

Hagemann, W. 1969. Zur Morphologie der Knolle von *Polypodium bifrons* Hook. und *P. brunei* Wercklé. Société Botanique de France, Mémoires,1969: 17–27.

Harris, T. M. 1961. The Yorkshire Jurassic Flora. I. Thallophyta–Pteridophyta. British Museum (Natural History), London.

Haufler, C. H., and C. B. Welling. 1994. Antheridiogen, dark germination, and outcrossing mechanisms in *Bommeria* (Adiantaceae). American Journal of Botany 81: 616–621.

Hirmer, M. 1927. Handbuch der Paläobotanik. R. Oldenbourg, Berlin. Hodge, W. H. 1973. Fern foods of Japan and the problem of toxicity. American Fern Journal 63: 77–80.

Hoshizaki, B. J., and R. C. Moran. 2001. Fern Grower's Manual. Revised and Expanded Edition. Timber Press, Portland, Oregon.

Ingold, C. T. 1939. Spore Discharge in Land Plants. Clarendon Press, Oxford.

Ingold, C. T. 1965. Spore Liberation. Clarendon Press, Oxford.

Jacono, C. C. 1999. *Salvinia molesta* (Salviniaceae), new to Texas and Louisiana. Sida 18: 927–928.

Johnson, D. M. 1985. New records for longevity of *Marsilea* sporocarps. American Fern Journal 75: 30–31.

Kato, M. 1993. Biogeography of ferns: dispersal and vicariance. Journal of Biogeography 20: 265–274.

Kato, M., and D. Darnedi. 1988. Taxonomic and phytogeographic relation ships of *Diplazium flavoviride, D. pycnocarpon,* and *Diplaziopsis.* American Fern Journal 78: 77–85.

Kato, M., and K. Iwatsuki. 1983. Phytogeographic relationships of pteridophytes between temperate North America and Japan. Annals of the Missouri Botanical Garden 70: 724–733.

Keeley, J. E. 1981. *Isoëtes howellii:* a submerged aquatic cam plant? American Journal of Botany 68: 420–424.

Keeley, J. E. 1987. Photosynthesis in quillworts, or why are some aquatic plants similar to cacti? Plants Today 1: 127–132.

Keeley, J. E. 1988. A puzzle solved for the quillwort. Fremontia 16: 15–16.

Keeley, J. E. 1998. cam photosynthesis in submerged aquatic plants. Botanical Review 64: 121–175.

Kenrick, P. 2001. Turning over a new leaf. Nature 410: 309–310.

Kenrick, P., and P. R. Crane. 1997. The Origin and Early Diversification of Land Plants, a Cladistic Study. Smithsonian Institution Press, Washington, D.C.

Lee, D. W. 1977. On iridescent plants. Gardens' Bulletin, Straits Settlements, Singapore 30: 21–31.

Lee, D. W. 1986. Unusual strategies of light absorption in rain-forest herbs, pages 105–131 *in* Thomas J. Givnish, editor, On the Economy of Plant Form and Function. Cambridge

蕨类植物的秘密生活

University Press, New York.

Lee, D. W., and J. B. Lowry. 1975. Physical basis and ecological significance of iridescence in blue plants. Nature 254: 50–51.

Lee, H. 1887. The Vegetable Lamb of Tartary: a Curious Fable of the Cotton Plant, to Which Is Added a Sketch of the History of Cotton and the Cotton Trade. S. Low, Marston, Searle & Rivington, London.

León, B., and H. Beltrán. 2002. A new *Microgramma* subgenus *Solanopteris* (Polypodiaceae) from Peru and a new combination in the subgenus. Novon 12: 481–485.

Lellinger, D. B. 1967. *Pterozonium* (Filicales: Polypodiaceae), *in* B. Maguire, editor, The Botany of the Guayana Highland. Memoirs of the New York Botanical Garden 17: 2–23.

Lellinger, D. B. 1987. Hymenophyllopsidaceae (Filicales), *in* B. Maguire, editor, Botany of the Guayana Highlands. Memoirs of the New York Botanical Garden 38: 2–9.

Li, H.-l. 1952. Floristic relationships between eastern Asia and eastern North America. Transactions of the American Philosophical Society 42: 371–429. [reprinted with foreword and additional references as a Morris Arboretum Monograph in 1971]

Lindsay, J. 1794. Account of the germination and raising of ferns from the seed. Transactions of the Linnean Society 2: 93–100.

Lloyd, R. M., and E. J. Klekowski, Jr. 1970. Spore germination and viability in Pteridophyta: evolutionary significance of chlorophyllous spores. Biotropica 2: 129–137.

Lumpkin, T. A., and D. L. Plucknett. 1982. *Azolla* as a Green Manure: Use and Management in Crop Production. Westview Tropical Agriculture Series, no. 5.

McCleary, B. V., and B. F. Chick. 1977. The purification and properties of a thiaminase I enzyme from nardoo (*Marsilea drummondii*). Phytochemistry 16: 207–213.

McCleary, B. V., C. A. Kennedy, and B. F. Chick. 1980. Nardoo, bracken and rock ferns cause vitamin B1 deficiency in sheep. Agricultural Gazette of New South Wales 91(5): 1–4.

Madsen, T. V. 1987. Interactions between internal and external CO_2 pools in the photosynthesis of the aquatic cam plants *Littorella uniflora* (L.) Aschers and *Isoëtes lacustris* L. New Phytologist 106: 35–50.

Menéndez, C. A. 1966. La presencia de *Thyrsopteris* en la Cretácico Superior de Cerro Guido, Chile. Ameghiniana 4: 299–302.

Mickel, J. T. 1981. *Marattia* propagation stipulated. Fiddlehead Forum 8: 40.

Mickel, J. T. 1985. The proliferous species of *Elaphoglossum* (Elaphoglossaceae) and their relatives. Brittonia 37: 261–278.

Mickel, J. T., and J. M. Beitel. 1988. Pteridophyte Flora of Oaxaca, Mexico. Memoirs of the New York Botanical Garden 46: 1–568.

Milton, G. 2001. The Riddle and the Knight: in Search of Sir John Mandeville, the World's Greatest Traveler. Farrar Straus & Giroux, New York.

Mitchell, D. S. 1972. The Kariba weed: *Salvinia molesta.* British Fern Gazette 10: 251–252.

Moore, W. A. 1969. *Azolla:* biology and agronomic significance. Botanical Review 35: 17–35.

Moorehead, A. 1963. Cooper's Creek. Harper & Row, New York.

Moran, R. C. 1995. The importance of mountains to pteridophytes, with emphasis on Neotropical montane forests, pages 359–363 *in* S. P. Churchill, H. Balslev, E. Forero, and J. L. Luteyn, editors, Biodiversity and Conservation of Neotropical Montane Forests. New York Botanical Garden, Bronx.

Moran, R. C., and A. R. Smith. 2001. Phytogeographic relationships between Neotropical and African–Madagascan pteridophytes. Brittonia 53: 304–351.

Moran, R. C., S. Klimas, and M. Carlsen. 2003. Low-trunk epiphytic ferns on tree ferns versus angiosperms in Costa Rica. Biotropica 35: 48–56.

Müller, L., G. Starnecker, and S. Winkler. 1981. Zur Ökologie epiphytischer Farne in Sudbrasilien 1. Saugschuppen. Flora 171: 55–63.

Nasrulhaq-Boyce, A., and J. G. Duckett. 1991. Dimorphic epidermal cell chloroplasts in the mesophyll-less leaves of an extreme-shade tropical fern, *Teratophyllum rotundifoliatum* (R. Bonap.) Holtt.: a light and electron microscope study. New Phytologist 119: 433–444.

Niklas, K. J., B. H. Tiffney, and A. H. Knoll. 1983. Patterns in vascular land plant diversification. Nature 303: 614–616.

Øllgaard, B., and K. Tind. 1993. Scandinavian Ferns. Rhodos Press, Copenhagen. Page, C. N. 1976. The taxonomy and phytogeography of bracken—a review. Botanical Journal of the Linnean Society 73: 1–34.

Parrish, J. T. 1987. Global palaeogeography and palaeoclimate of the late Cretaceous and early Tertiary, pages 51–74 *in* E. M. Friis, W. G. Chaloner, and P. R. Crane, editors, The Origins of Angiosperms and Their Biological Consequences. Cambridge University Press, Cambridge.

Perkins, S. K., and G. A. Peters. 1993. The *Azolla–Anabaena* symbiosis: endo phyte continuity in the *Azolla* life-cycle is facilitated by epidermal tri chomes. New Phytologist 123: 53–64.

Perrie, L. R., P. J. Brownsey, P. J. Lockhart, E. A. Brown, and M. F. Large. 2003. Biogeography of temperate Australasian *Polystichum* ferns as inferred from chloroplast sequence and AFLP. Journal of Biogeography 30: 1729–1736.

Perring, F. H., and B. G. Gardiner, editors. 1976. The biology of bracken. Journal of the Linnean Society, Botany, 73: 1–302.

Pessin, L. J. 1924. A physiological and anatomical study of the leaves of *Polypodium polypodioides*. American Journal of Botany 11: 370–381.

Pessin, L. J. 1925. An ecological study of the polypody fern *Polypodium poly podioides* as an epiphyte in Mississippi. Ecology 6: 17–38.

Phillips, T. L. 1979. Reproduction of heterosporous arborescent lycopods in the Mississippian–Pennsylvanian of Euramerica. Review of Paleobotany and Palynology 27: 239–289.

Phillips, T. L., and W. A. DiMichele. 1992. Comparative ecology and life-history biology of arborescent lycopsids in late Carboniferous swamps of Euramerica. Annals of the Missouri Botanical Garden 79: 560–588.

Phipps, C. J., T. N. Taylor, E. L. Taylor, N. Rubén Cúneo, L. D. Boucher, and X. Yao. 1998. *Osmunda* (Osmundaceae) from the Triassic of Antarctica: an example of evolutionary stasis. American Journal of Botany 85: 888–895.

Posthumus, O. 1928. *Dipteris novo~guineensis,* ein 'lebendes Fossil.' Recueil des Travaux Botaniques Néerlandais 24: 244–249.

Pring, G. H. 1964. The bracken in the grove, *Pteridium aquilinum.* Missouri Botanical Garden Bulletin 52(8): 3–5.

Pryer, K. M., H. Schneider, A. R. Smith, R. Cranfill, P. G. Wolf, J. S. Hunt, and S. D. Sipes. 2001. Horsetails and ferns are a monophyletic group and the closest living relatives to seed plants. Nature 409: 618–622.

Puri, V., and M. L. Garg. 1953. A contribution to the anatomy of the sporocarp of *Marsilea minuta* L. with a discussion of the nature of sporocarp in the Marsileaceae. Phytomorphology 3: 190–209.

Raghaven,V. 1992. Germination of fern spores. American Scientist 80: 176–185.

Rasbach, H., K. Rasbach, and C. Jérôme. 1993. Über das Vorkommen des Hautfarns *Trichomanes speciosum* (Hymenophyllaceae) in den Vogesen (Frankreich) und dem benachbarten Deutschland. Carolinea 51: 51–52.

Ratcliffe, D. A., H. J. B. Birks, and H. H. Birks. 1993. The ecology and conservation of the Killarney fern *Trichomanes speciosum* Willd. in Britain and Ireland. Biological Conservation 66: 231–247.

Rauh, W. 1973. *Solanopteris bismarckii* Rauh, ein neuer knollenbildender Amei- senfarn aus Zentral-Peru. Tropische und Subtropische Pflanzenwelt 5: 223–256.

Ritman, K. T., and J. A. Milburn. 1990. The acoustic detection of cavitation in fern sporangia. Journal of Experimental Botany 41(230): 1157–1160.

Room, P. M. 1990. Ecology of a simple plant-herbivore system: biological control of *Salvinia*. Trends in Ecology and Evolution 5: 74–79.

Rothwell, G. W., and R. Roessler. 2000. The late Palaeozoic tree fern *Psaronius*—an ecosystem unto itself. Review of Palaeobotany and Palynology 108: 55–74.

Rothwell, G. W., and R. A. Stockey. 1991. *Onoclea sensibilis* in the Paleocene of North America, a dramatic example of structural and ecological stasis. Review of Paleobotany and Palynology 70: 113–124.

Rumsey, F. J., E. Sheffield, and D. R. Farrar. 1990. British filmy-fern gametophytes. Pteridologist 2: 39–42.

Rumsey, F. J., A. D. Headley, D. R. Farrar, and E. Sheffield. 1991. The Killarney fern (*Trichomanes speciosum*) in Yorkshire. Naturalist 116: 41–43.

Sand-Jensen, K., and J. Borum. 1984. Epiphyte shading and its effects on photosynthesis and diel metabolism of *Lobelia dortmanna* L. during the spring bloom in a Danish lake. Aquatic Botany 20: 109–119.

Sand-Jensen, K., and M. Søndergaard. 1981. Phytoplankton and epiphyte development and their shading effect on submerged macrophytes in lakes of different nutrient status. Internationale Revue der Gesamten Hydrobiologie 66: 529–552.

Schneider, H., K. M. Pryer, R. Cranfill, A. R. Smith, and P. G. Wolf. 2002. Evolution of vascular plant body plans: a phylogenetic perspective, pages 330–364 *in* Q. C. B. Cronk, R. M. Bateman, and J. A. Hawkins, editors, Developmental Genetics and Plant Evolution. Taylor & Francis, London.

Schneider, H., E. Schuettpelz, K. M. Pryer, R. Cranfill, S. Magallón, and R. Lupia. 2004. Ferns diversified in the shadow of angiosperms. Nature 428: 553–557.

Simán, S. E., A. C. Povey, and E. Sheffield. 1999. Human health risks from fern spores?—A review. Fern Gazette 18: 275–287.

Slosson, M. 1906. How Ferns Grow. Henry Holt & Co., New York. Smith, A. R. 1972. Comparison of fern and flowering plant distributions with some evolutionary interpretations for ferns. Biotropica 4: 4–9.

Smith, A. R. 1995. Pteridophytes, pages 1–334 *in* J. A. Steyermark, P. E. Berry, and B. K. Holst, general editors, Flora of the Venezuelan Guayana. Volume 2. Missouri Botanical Garden, St. Louis, and Timber Press, Portland, Oregon.

Smith, G. M. 1955. Cryptogamic Botany. Volume II, Bryophytes and Pteridophytes. Second Edition. McGraw-Hill, New York.

Spruce, R. 1908. Notes of a Botanist on the Amazon & Andes; Being Records of Travel on the Amazon and Its Tributaries the Trombetas, Rio Negro, etc. ... during the years 1849–1864. Macmillan & Co., London.

Stearn, W. T. 1957. An introduction to the *Species Plantarum* and cognate botanical works of Carl Linnaeus [prefixed to facsimile of Volume 1] . Ray Society, London.

蕨类植物的秘密生活

Stevens, P. S. 1974. Patterns in Nature. Little, Brown & Company, New York.

Stewart, W. N. 1947. A comparative study of stigmarian appendages and *Isoëtes* roots. American Journal of Botany 34: 315–324.

Stewart, W. N., and G. W. Rothwell. 1993. Paleobotany and the Evolution of Plants. Second Edition. Cambridge University Press, New York.

Stuart, T. S. 1968. Revival of respiration and photosynthesis in dried leaves of *Polypodium polypodioides*. Planta 83: 185–206.

Tessenow, U., and Y. Baynes. 1975. Redox-dependent accumulation of Fe and Mn in a littoral sediment supporting *Isoëtes lacustris* L. Naturwissenschaften 62: 342–343.

Tessenow, U., and Y. Baynes. 1978. Experimental effects of *Isoëtes lacustris* L. on the distribution of Eh, pH, Fe and Mn in lake sediment. Internationale Vereinigung für Theoretische und Angewandte Limnologie, Verhandlungen 20: 2358–2362.

Thomas, B. A. 1966. The cuticle of the lepidodendrid stem. New Phytologist 65: 296–303.

Thomas, B. A. 1981. Structural adaptations shown by the Lepidocarpaceae. Review of Palaeobotany and Palynology 32: 377–388.

Thomas, P. A. 1986. Successful control of the floating weed *Salvinia molesta* in Papua New Guinea: a useful biological invasion neutralizes a disastrous one. Environmental Conservation 13: 242–248.

Thomas, P. A., and P. M. Room. 1986. Taxonomy and control of *Salvinia molesta*. Nature 320: 581–584.

Thompson, D. W. 1942. On Growth and Form. Second edition. University Press, Cambridge, England.

Thompson, J. A., and R. T. Smith, editors. 1990. Bracken biology and management. Australian Institute of Agricultural Science Occasional Publication 40: 1–341.

Thomson, J. A. 2000. New perspectives on taxonomic relationships in *Pteridium*, pages 15–34 *in* Bracken Fern: Toxicity, Biology and Control. International Bracken Group Special Publication 4.

Tiffney, B. H. 1985a. Perspectives on the origin of the floristic similarity between eastern Asia and eastern North America. Journal of the Arnold Arboretum 66: 73–94.

Tiffney, B. H. 1985b. The Eocene North Atlantic land bridge: its importance in Tertiary and modern phytogeography of the northern hemisphere. Journal of the Arnold Arboretum 66: 243–273.

Tippo, O., and W. L. Stern. 1977. Humanistic Botany. W. W. Norton & Co., New York.

Troop, J. E., and J. T. Mickel. 1968. Petiolar shoots in the dennstaedtioid and related ferns. American Fern Journal 58: 64–69.

Tryon, A. F., and B. Lugardon. 1991. Spores of the Pteridophyta. Springer-Verlag, New

York.

Tryon, A. F., and R. C. Moran. 1997. The Ferns and Allied Plants of New England. Massachusetts Audubon Society, Lincoln.

Tryon, R. M. 1941. A revision of the genus *Pteridium*. Rhodora 43: 1–31, 37–67.

Tryon, R. M. 1970. Development and evolution of fern floras of oceanic is lands. Biotropica 2: 76–84.

Tryon, R. M., and A. F. Tryon. 1982. Ferns and Allied Plants with Special Reference to Tropical America. Springer-Verlag, New York.

van Hove, C. 1989. *Azolla* and Its Multiple Uses, with Emphasis on Africa. Food and Agriculture Organization of the United Nations, Rome.

von Hagen, V. W. 1949. South America Called Them; Explorations of the Great Naturalists: Charles-Marie de la Condamine, Alexander Humboldt, Charles Darwin, Richard Spruce. Scientific Book Club, London.

Wagner, W. H., Jr. 1972. *Solanopteris brunei*, a little-known fern epiphyte with dimorphic stems. American Fern Journal 62: 33–43.

Walker, T. G., and A. C. Jermy. 1982. The ecology and cytology of *Phanerosorus* (Matoniaceae). Fern Gazette 12: 209–213.

Wallace, A. R. 1886. The Malay Archipelago. Macmillan, London.

White, M. F. 1986. The Greening of Gondwana. Reed Books, Frenchs Forest, Australia.

Wium-Andersen, S. 1971. Photosynthetic uptake of free CO_2 by the roots of *Lobelia dortmanna*. Physiologia Plantarum 25: 245–248.

Wolf, P. G., S. D. Sipes, M. R. White, M. L. Martines, K. M. Pryer, A. R. Smith, and K. Ueda. 1994. Phylogenetic relationships of the enigmatic fern families Hymenophyllopsidaceae and Lophosoriaceae: evidence from *rbc*L nucleotide sequences. Plant Systematics and Evolution 3:383–392.

Wolf, P. G., K. M. Pryer, A. R. Smith, and M. Hasebe. 1998. Phylogenetic studies of extant pteridophytes, pages 541–556 *in* D. E. Soltis, P. S. Soltis, and J. J. Doyle, editors, Molecular Systematics of Plants II, DNA sequencing. Kluwer Academic Publishers, New York.

Yatskievych, G. 1993. Antheridiogen response in *Phanerophlebia* and related fern genera. American Fern Journal 83: 30–36.

Yatskievych, G., M. A. Homoya, and D. R. Farrar. 1987. The fern genera *Vittaria* and *Trichomanes* in Indiana. Proceedings of the Indiana Academy of Science 96: 429–434.

　　　　　　　　　　　　　　　　　　　蕨类植物的秘密生活

索引

A

Adiantum lunulatum, 48

Adiantum pedatum, 13, 294

Adiantum × variopinnatum(A. latifolium × A. petiolatum), 62~63

Adiantum caudatum, 47

Adiantum chilense, 205

Anabaena azollae, 259

Anemia phyllitidis, 104

Arthropteris altescandens, 210

Asplenium bulbiferum, 45

Asplenium chondrophyllum, 210

Asplenium cirrhatum, 48

Asplenium macrosorum, 205

Asplenium mannii, 48

Asplenium monanthes, 39

Asplenium nidus, 94, 279, 295

Asplenium obtusatum, 210

Asplenium prolongatum, 48

Asplenium resiliens, 39

Asplenium rhizophyllum, 13, 60, 216, 330

Asplenium ruprechtii, 216

Asplenium scolopendrium, 221

Asplenium stoloniferum, 49

Asplenium stolonipes, 49

Asplenium trichomanes, 59, 296

Asplenium uniseriale, 48

Asplenium volubile, 30

Asplenium×ebenoides（A. platyneuron ×A. rhizophyllum）, 60, 63

Astrolepis sinuata var. *sinuata*, 39

Athyrium filix-femina, 297

Athyrium filix-femina 'Victoriae', 279

Athyrium niponicum 'Pictum', 221

Azolla filiculoides, 264

Azolla pinnata, 264

阿基米德螺线（等速螺线）, 197~199

阿巴拉契亚书带蕨, 230~233

暗鳞鳞毛蕨, 39

暗紫旱蕨, 39

Cystopteris protrusa, 58, 60

Cystopteris tennesseensis, 58, 60

菜蕨, 55

草香碗蕨, 50, 218

叉蕨属(*Tectaria*), 45

茶, 2, 244, 246~248, 277

缠结鳞蕨, 230~231

长距离扩散, 150~151

长叶带蕨, 104

长叶铁角蕨, 48

长叶实蕨, 48

巢蕨, 93, 279

车前蕨属(*Antrophyum*), 99

成精子囊素, 34, 235

刺叶鳞毛蕨, 13, 28

丛蕨属(*Thamnopteris*), 167

粗梗水蕨, 46~47

翠蕨属(*Anogramma*), 107

翠云草, 174

D

Dennstaedtia appendiculata, 218

Dennstaedtia punctilobula, 50, 218

Dennstaedtia scabra, 218

Deparia acrostichoides, 216

Dicksonia berteriana, 206

Diplazium esculentum, 55

Diplazium flavoviride, 218

Diplazium pycnocarpon, 218

Diplazium tomentosum, 174

Dipteris conjugata, 139, 142

Dipteris novoguineensis, 138

Dryopteris affinis 'Cristata', 279

Dryopteris atrata, 39

Dryopteris carthusiana, 13, 28

Dryopteris celsa, 152

Dryopteris cycadina, 39

Dryopteris erythrosora, 221

Dryopteris filix-mas, 96

Dryopteris goldiana, 153

Dryopteris ludoviciana, 154

骶粗的植物羔羊, 282~291

大孢子, 122

大草原, 240

大陆漂移, 126, 151

大囊群铁角蕨, 205

大型叶, 72~74, 77

带蕨属(*Campyloneurum*), 103~104

单宁, 195~196

单倍体, 37~38

单列铁角蕨, 48

单囊铁角蕨, 39

单系类群, 76

单性孢子叶球, 122

登普斯基蕨(*Tempskya*), 166~167

地耳蕨属(*Quercifilix*), 102

地雪松, 112

第三纪, 75, 82, 144~147, 152, 218~221, 229, 233~234, 236, 239

垫水韭属(*Stylites*), 108

吊索石松, 112

蕨类植物的秘密生活

过山蕨, 216~217

过山蕨属 (*Camptosorus*) , 104, 217

H

Hemionitis arifolia, 45

Hemionitis palmata, 55

Hemionitis tomentosa, 31

Histiopteris incisa, 50, 205

Huperzia lucidula, 55

Huperzia porophila, 55

Huperzia reflexa, 31

Huperzia talamancana, 300

Hymenophyllum cuneatum, 205

Hymenophyllum ferrugineum, 209

Hymenophyllum myriocarpum, 86

Hymenophyllum tayloriae, 230, 300

Hymenophyllum wrightii, 235

海岸红杉, 219

海金沙属 (*Lygodium*) , 88, 103, 200, 239

旱米蕨属 (*Cheilanthes*) , 105

禾叶蕨科 (Grammitidaceae) , 54, 233, 239

合囊蕨科 (Marattiaceae) , 76, 80, 83, 149, 165

合囊蕨目 (Marattiales) , 75, 79~80, 82~83

荷叶蕨, 138

黑杆铁角蕨, 39

黑锯蕨属 (*Lellingeria*) , 98

红盖鳞毛蕨, 221

厚壁组织, 162~164

胡安岛鬃蕨, 206

湖泊水韭, 184~186

槲蕨属 (*Drynaria*) , 102

花粉症 (hay fever) , 35, 36

槐叶蘋目 (Salviniales) , 79~80, 89

槐叶蘋属 (*Salvinia*) , 31, 89, 99, 249~250, 256

环带, 12, 22~27, 84~85, 88, 92, 143, 149~150, 227

黄绿双盖蕨, 218

辉木属 (*Psaronius*) , 149

回卷蕨科 (Anachoropteridaceae) , 148

I

Isotes lacustris, 184

J

姬蕨属 (*Hypolepis*) , 50, 107, 239

基拉尼蕨, 235

基芽铁角蕨, 49

极性 (polarity) , 22

戟蕨属 (*Christiopteris*) , 98

荚果蕨属 (*Matteuccia*) , 99, 112

假根, 19, 231

假膜蕨科 (Hymenophyllopsidaceae) , 91, 225

蕨类植物的秘密生活

鳞叶卷柏, 201
凌霄蕨属 (*Salpichlaena*), 89, 200
瘤足蕨科 (Plagiogyriaceae), 91, 226
六倍体, 59
芦木, 128~136, 165, 169
卤蕨属 (*Acrostichum*), 107
露蒿蕨属 (*Terpsichore*), 96
鹿角蕨属 (*Platycerium*), 54, 102
卵果蕨属 (*Phegopteris*), 100
罗伞蕨科 (Matoniaceae), 87, 137~139, 141~143
罗伞蕨属 (*Matonia*), 138~139, 142
裸子植物 (gymnosperms), 5, 68, 142~143, 148~150, 169
落羽杉, 234

M

Marsilea drummondii, 266
Matonia pectinata, 139, 142, 336
Matteuccia struthiopteris, 33, 53, 112
Megalastrum inaequalifolia var. *glabrior*, 205
Metasequoia glyptostroboides, 219
Micropolypodium nimbatum, 234
蚂蚁, 100, 156~157, 159~161, 341
满江红属 (*Azolla*), 31, 89, 262
满江红鱼腥藻, 259
曼彻斯特蕨, 218
曼式铁角蕨, 48
毛囊蕨科 (Lophosoriaceae), 91, 226

毛叶沼泽蕨, 216
梅溪蕨属 (*Tmesipteris*), 66, 76, 80
密孢双盖蕨, 218
密腺金星蕨, 218
命名法规, 64, 99, 112
模式标本, 114
模式种, 100, 103~104
膜蕨科 (Hymenophyllaceae), 85, 91, 103, 108, 150~151, 225, 232
膜蕨目 (Hymenophyllales), 79, 85
膜蕨属 (*Hymenophyllum*), 85, 103, 225~227
母亲蕨, 44~45
木蕨, 152~154
木贼, 66~69, 74, 76, 83, 108, 129~136, 220
木贼纲 (Equisetopsida), 63, 69, 76
木贼目 (Equisetales), 75, 79, 83
木贼属 (*Equisetum*), 33, 66, 76, 83, 100~101, 128, 132, 134

N

Nephrolepis cordifolia, 53
男蕨, 95
南方木蕨, 154
南方石松, 112
囊群盖, 13, 41, 85, 92, 105~107, 110, 212, 217, 272
内生孢子, 32
拟蕨类植物, 66~77, 278

蕨类植物的秘密生活

蕨类植物的秘密生活

Trichomanes elegans, 170

Trichomanes intricatum, 230

Trichomanes philippianum, 206

Trichomanes speciosum, 235

苔藓植物, 12, 26, 68, 74, 128

泰勒膜蕨, 230, 232, 300

弹丝, 132, 134

特有种, 210~212, 227~228

藤卷柏, 171~174, 177, 306

蹄盖蕨, 279, 297

天梯蕨属（Jamesonia）, 98, 152, 301

田字蘋, 266~273

铁角蕨科（Aspleniaceae）, 150

铁角蕨属（Asplenium）, 38, 54, 58, 61, 93, 96, 105, 217

铁兰, 183

铁线蕨属（Adiantum）, 95

通气组织, 46

铜背蕨属（Bommeria）, 41

突起理论, 72~73

土豆蕨, 156~161

兔脚蕨, 143

团扇蚌壳蕨, 206

V

Vittaria appalachiana, 230

Vittaria lineata, 308

W

Woodwardia orientalis, 46

瓦氏路蕨, 235

碗蕨, 218

碗蕨科（Dennstaedtiaceae）, 50

碗蕨属（Dennstaedtia）, 99

网蕨属（Dictyodroma）, 103

网茄蕨属（Blotiella）, 98

网状演化图, 57~58

'维多利亚' 蹄盖蕨, 279

维管植物, 69~75, 77, 92, 207

纬度多样性梯度, 237~239

稳定时间假说, 239

沃德箱, 275~278, 280

乌毛蕨科（Blechnaceae）, 89, 150

乌毛蕨属（Blechnum）, 56

无毛不等基节绵蕨, 205

无配子生殖, 37~41

无性繁殖, 257

X

西印度锯蕨, 234

细唇碎米蕨, 39

细叶满江红, 264

细辛叶泽泻蕨, 45

显子蕨属（Phanerosorus）, 138~139, 142

线叶蘋属（Pilularia）, 89~90

香蕉, 277

蕨类植物的秘密生活

图书在版编目(CIP)数据

蕨类植物的秘密生活/(美)罗宾·C.莫兰著;武玉东,
蒋蕾译.—北京:商务印书馆,2021(2023.5 重印)
(自然文库)
ISBN 978 - 7 - 100 - 19657 - 4

Ⅰ.①蕨… Ⅱ.①罗…②武…③蒋… Ⅲ.①蕨类
植物—普及读物 Ⅳ.①Q949.36 - 49

中国版本图书馆 CIP 数据核字(2021)第 040150 号

蕨类植物的秘密生活

〔美〕罗宾·C.莫兰 著

武玉东 蒋蕾 译

商 务 印 书 馆 出 版
(北京王府井大街 36 号 邮政编码 100710)
商 务 印 书 馆 发 行
北京中科印刷有限公司印刷
ISBN 978 - 7 - 100 - 19657 - 4
审图号:GS (2021) 1353 号

2021 年 5 月第 1 版 开本 710×1000 1/16
2023 年 5 月北京第 3 次印刷 印张 21½
定价:78.00 元